임 민찬

뻔하고 추상적인 조언은 싫습니다.

트렌디하고 구체적인 노하우만 담았습니다.

의대생의
초등 비밀과외

의대생의 초등 비밀과외

내 아이 공부 정서를 위한 실전 학부모 수업

임민찬 지음

체인지업
CHANGEUP

의대생이 초등 분야에서 활발히 활동하는 이유

의대생이 중고등학생 대상으로 과외를 하는 건 흔한 일입니다. 그러나 저는 900여 명의 중고등학생을 컨설팅한 경험을 바탕으로, 남들이 하지 않는 초등 분야에서도 활발히 활동하고 있습니다. 어느덧 다섯 번째 책을 쓰게 된 제가 부지런히 강연 활동을 하는 데에는 4가지 이유가 있습니다.

첫째, 중고등학생들을 4년 넘게 가르치면서 초등 시기가 얼마나 중요한지 깨달았습니다. 중고등학생에게 개념을 가르치고 문제 풀이법을 알려주는 건 그리 어려운 일이 아닙니다. 하지만 이미 습관으로 굳어버린, 이미 사춘기가 와버린 중고등학생의 잘못된 습관을 교정해주고 새로운 습관을 심어주기란 너무나도 힘들고 벅찬 일이었습니다. 그때, 저는 초등 분야로 내려가야겠다고 다짐하게 되었습니다. 습관이 처음 형성되는 시기인 만큼, 이 시기를 보내는 아이들에게 올바른 공부 습관을 알려주어야 한다는 사명감으로 꾸준히 활동하고 있습니다. 특히 초등 공부 습관 형성에 있어서 가장 중요한 건 부모님의 역할이기에, 초등 학부모를 대상으로 책을 쓰고 강연도 하고 있습니다.

둘째, 당사자인 '학생의 관점'으로 조언을 드리고 싶었습니다. 초등 분야의 다양한 교육서들을 읽어보니 학생의 관점이나 입장이 반영되지 않고, 제3자의 입장에서 추상적인 조언을 하는 경우가 많았습니다. '어떤 학생을 이렇게 가르쳐봤더니 서울대에 가더라', '우리 아이를 이렇게 키웠더니 의대에 가더라' 등과 같은 조언에서도 물론 배울 점은 있겠지만, 정작 공부를 해야 하는 학생의 마음은 대변해주지 못할 때가 더 많습니다. 초등 분야에서 제가 그 역할을 하고 싶었습니다. 특히나 저는 입시와 가장 맞닿아 있기에 실제로 초등 아이들은 부모님이 어떤 역할을 해주길 원하는지, 과목별로 힘든 부분이 무엇인지, 공부를 싫어하게 되는 원인은 무엇이고 그걸 어떻게 해결할 수 있을지 등 초등학생의 관점에서 현실적인 조언을 드리고 싶었습니다. 저는 학군지 출신이 아닌 전라남도의 한 지방에서 태어나 초중고 12년을 지방 일반중학교, 지방 일반고등학교를 거쳐 중앙대 의대에 합격했습니다. 학생의 관점으로 정리한 '더 구체적이고 현실적인 초등 6년 노하우'를 이번 책에 더욱 자신 있게 담을 수 있었던 이유이기도 합니다.

셋째, '공부법 과잉 시대'에서 그 어떤 이해관계에도 얽혀 있지 않은 포지션으로, 가장 현실적인 조언을 초등 학부모님들께 해드리고 싶었습니다. 예전에는 정보가 부족해서 문제였다면, 이제는 정보가 너무 많아서 문제입니다. 넘쳐나는 교육서와 유튜브 등 다양한 교육 영상에 초등 학부모님들은 중심을 잃고 쉽게 흔들리고 맙니다. 특히 교육서나 교육 영상은 특정 이해관계에 얽힌 작가들이 많다 보니 공교육 종사자라면 학원에 관해 함부로 조언하기 힘들고, 사교육 종사자라면 본인이 진행 중인 학원 프로그램 위주로 조언하게 됩니다. 한쪽으로 치우친 조언을 듣게 되는 셈이죠. 이러한 상황에서 어떠한 이해관계에도 얽혀 있지 않고, 특히 지방 일반고에서 의대 합격을 이뤄낸 저의 실제 경험을 바탕으로 중심을 잡아준다면 유의미한 결과를 만들 수 있을 거라는 확신이 섰습니다.

넷째, 초등 분야에까지 의대의 인기가 번지다 보니 '의대를 비롯한 명문대에 합격하려면 초등 때부터 중등 내용을 모두 끝내야 한다', '초등 때 이걸 안 하면 늦다' 등등 학부모의 불안감을 증폭시키는 과장되고 허무맹랑한 조언들이 난무하고 있습니다. 그래서, 의대생인 제가 직접 나섰습니다. 말하자면 트렌드에 맞는 초중고 12년을 모두 경험하고, 900여 명의 초중고 학생들을 직접 상담하면서 얻은 노하우가 이 책에 농축되어 있다는 거죠. 학부모의 불안감을 조성하는 과장된 로드맵 대신 현재의 교육 흐름에 맞춰 초등 시기에 무엇을 해두면 좋을지 확실하게 정리해드리고자 합니다.

《의대생의 초등 비밀과외》는 '의대 로드맵'에 초점을 둔 책이 아닙니다. 자기 주도적으로 공부할 줄 아는 아이로 키우고 싶은 초등 학부모, 공부법 과잉 시대 속에서 트렌디하고 현실적인 공부 정보를 통해 중심을 잡고 싶은 초등 학부모, 의대생이 초등 6년에 대해 어떤 생각을 갖고 있는지 궁금한 초등 학부모를 위해 준비한 '선물' 같은 책입니다. 그러니 '우리 아이는 의대 목표가 아니니 읽을 필요가 없겠다'라고 편견을 갖지 마시고, 유초등 아이를 두었다면 필수로 읽어보시길 권합니다.

또한 의대생이 쓴 책이니 어렵고 딱딱할 거라 생각할 수도 있는데요. 저는 이미 4권의 교육서를 집필했으며, 심지어 전작 《스스로 공부하는 아이들》은 동화책의 형태였습니다. 어려운 내용을 조금이라도 쉽고 간결하게 전달하고자 늘 고민했기에 가능한 일이었습니다. 이번 책 《의대생의 초등 비밀과외》는 제가 몸소 초등 학부모 대상 강연 및 컨설팅, 초등학생 대상 수업을 진행해오며 느꼈던 것들을 구체적이고 현실적인 조언과 버무려 집필한 '실전편'이자 그간 쌓아온 초등 6년 노하우를 모두 집약한 '완결편'입니다.

의대생의 초등 6년 히스토리와 공부 노하우가 궁금하다면, 망설이지 말고 이 책을 넘겨보세요. 저는 언제나 학부모님들의 편에 서 있겠습니다.

2025년 1월,

임민찬 올림

SEC 목차 RET

Chapter 1

초등 학부모의 중심을 잡아줄 9가지 조언

Chapter 2

초등 학부모의 잘못된 믿음과 진실

Chapter 3

초등 과목별 공부 로드맵 총정리

Chapter 4

중고등 시기의 8가지 특징과 초등 시기 대비법

Chapter 5

내가 초등학생 때, 부모님이 해주신 것들

Chapter 6

초등 아이들이 부모님께 바라는 것

Chapter

1

초등 학부모의 중심을 잡아줄 9가지 조언

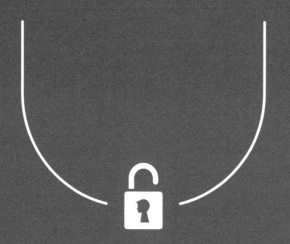

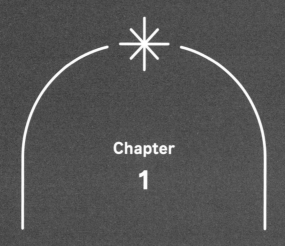

1-1

초등 학부모님, 실수해도 괜찮습니다

초중고 12년은 보통 '초등'과 '중고등'으로 나뉩니다. 그러다 보니 초등 학부모들은 중등과 고등을 비슷한 선상으로 바라보면서 중등 시기를 중히 여기는 경향이 있습니다. 이와 동시에 아이가 중학교에 진학하기 전까지 많은 공부를 해두어야 한다는 불안감, 초등 때 시행착오가 있어서는 안 된다는 걱정이 점점 더 심해지기도 하지요. 바라건대, 저는 앞으로 학부모님들이 초중고 12년을 '초등'과 '중고등'이 아니라 '초중등'과 '고등'으로 생각해주었으면 합니다. 공부에 있어 가장 중요한 시기는 고등 시기입니다. 고등 3년 동안의 내신 성적과 학교 활동, 수능 성적이 대학 입시에 그대로 반영되기 때문입니다. 다시 말해 중등 3년 역시 고등 3년을 잘 보내기 위해 준비하는 시기이며, 초등 6년 동안 학부모님이 아무리 시행착오를 많이 겪더라도 중등 3년 동안 만회할 수 있다는 의미가 됩니다. 즉, 초등 6년을 조급하게 보낼 필요가 없다는 것이죠.

초등 학부모님들과 상담하다 보면, 공부와 관련된 선택을 잘못할까 봐 걱정하는 분들을 종종 볼 수 있습니다. 이제는 너무 걱정하실 필요가 없습니다. 실수해도 괜찮습니다. 특히 아이에게 이걸 시켜도 괜찮을지, 너무 오래 고민하지 않아도 된다는 거예요. 아이에게 시켰다가 아이가 잘 적응을 하지 못한다면 그만두게 할 수도 있는 거고, 아이가 좋아하고 아이에게 잘 맞으면 더 많은 기회를 주면 됩니다. 초등 6년 동안 실수하더라도 중등 3년 동안 충분히 만회할 수 있다는 얘기입니다. 무엇보다 초등 시기에는 '쓸모없는' 경험이 없습니다. 초등 교육에서의 잘못된 선택이나 실수를 바탕으로, 좀 더 중요한 중고등 시기에 큰 시행착오 없이 아이의 성향에 맞는 올바른 판단을 내릴 수도 있습니다. 해보지도 않고 '초2 때 이걸 좀 더 시켜볼걸' 하며 후회하는 것보다 실수하더라도 일단 경험하도록 해주는 것이 더 바람직하다고 볼 수 있습니다.

교육적 실수나 실패에 대해 염려하는 것은 어쩌면 당연합니다. 그러한 신중함은 아이가 좀 더 나은 방향을 찾는 데 큰 도움이 됩니다. 더불어 그러한 신중함이 깃든 선택이라면 그것이 교육이든 아이 생활 전반의 문제든 이후의 일을 걱정할 필요가 없다는 것입니다. 눈앞에 놓인 안 좋은 결과 때문에 자책할 필요가 없다는 뜻이기도 합니다. 더 중요한 중등 시기에 얼마든 만회할 수 있기에 초등 때는 뭐든 해보는 것이 좋겠지요. 그러니 조금 더 편안한 마음으로, 특정 시기에 부모님의 관점에서 아이가 해봤으면 하는 게 있다면 그것의 장단점을 오래 고민하지 말고 일단 시작해보세요.

재차 말씀드리지만, 초중고는 '초등'과 '중고등'이 아닌 '초중등'과 '고등'으로 나뉩니다. 그렇게 중심만 잘 잡으면 초등 6년을 전보다 넓은 관점으로 바라볼 수 있게 되고, 이 시간을 또한 슬기롭게 활용할 수 있을 거예요.

1-2

공부 습관은 지시하는 것이 아니라 넘겨주는 것입니다

초등 학부모님은 내 아이가 '자기 주도적 공부 습관'을 가지길 바라지만, 많은 분들이 다음과 같은 이유로 초등 아이에게 공부 습관을 심어주지 못합니다. 먼저, 초등 때는 공부 습관이 중요하지 않다는 생각으로 미루다가 중등 때 비로소 습관을 형성하려 합니다. 초등 때는 사실 복습, 플래너와 같은 기본적인 공부 습관이 없더라도 별문제가 생기지 않습니다. 습관이 없더라도 당장 학교·학원 숙제를 하는 데에 지장이 없고, 학교 단원평가 시험 성적에도 큰 영향을 미치지 않기 때문이죠. 그러다 보니 아이의 공부와 일상을 챙겨주면서도 정작 '공부 습관'은 쉽게 놓치게 됩니다. 그 후 아이가 중학생이 되면, 그때부터는 사실 공부 습관을 들이기 어려워집니다. 중학생 때는 습관 쌓기에 집중할 시간적 여유가 없고, 해야 할 공부가 많아지기 때문이죠. 거기다 사춘기까지 겹치게 되면 아이에게 공부 습관을 만들어주는 건 더더욱 힘들어집니다.

공부 습관을 아이에게 '말로만 지시'하는 것도 문제입니다. 대부분의 초등 학부모님들은 아이에게 '복습해', '플래너 써', '더 오래 앉아서 공부해', '책 읽고 자' 이런 식으로 말로만 지시합니다. 지시한 바를 스스로 습관화하기엔 아직 너무 어리다는 것이죠. 어른들도 습관 하나를 만들기 위해서는 몇 개월, 몇 년은 기본으로 요구됩니다. 그러니 초등 아이들에게는 말로만 '지시하는 것'보다 습관을 '넘겨주는 것'이 더 바람직합니다. 습관을 넘겨준다는 건, 처음에는 부모님이 100이고 아이가 0, 그다음은 부모님이 70이고 아이가 30, 그 후 부모님이 50이 되면 아이도 50, 부모님이 30일 때 아이는 70, 이 과정을 거쳐 중학교에 올라갈 때는 결국 부모님이 0이 되고 아이가 100이 됩니다. 이 순서로 처음에는 부모님이 아이의 습관에 대한 주도권을 쥐고 있다가 '서서히' 아이에게 넘겨주어야 하는 것이죠.

플래너 작성으로 구체적인 예시를 들어보겠습니다. 우선, 처음 플래너를 쓸 때는 부모님과 아이가 나란히 앉아 아이를 대신해서 부모님이 써주셔도 좋습니다. 아이는 플래너를 쓰는 부모님의 모습을 지켜보기만 해도 돼요. 그러다 이게 익숙해질 때쯤, 부모님이 플래너의 절반만 써주고, 나머지 절반은 아이가 직접 써볼 수 있도록 기회를 주는 것입니다. 그 후 몇 개월이 지나면 이제는 부모님은 지켜보기만 하고, 아이가 직접 플래너를 작성하도록 해주세요. 이것도 익숙해지면 그때부터는 아이에게 '플래너 쓸 시간'이라고 말로만 알려주어도 아이는 혼자 플래너를 쓸 수 있게 됩니다.

"○○아, 초등학교 때 플래너 쓰는 연습을 꾸준히 했으니, 중학생 때부터는 엄마가 말 안 해줘도 쓸 수 있겠지?"

이렇게 온전히 아이의 몫으로 플래너를 넘겨주면, 아이의 플래너 작성은 비로소 '자기 주도적 습관' 중 하나로 잘 자리잡을 것입니다. 어떠신가요? 부모에게서 아이에게로 습관의 주도권을 조금씩 넘겨주는 것, 아이에게 습관이 스며들도록 하는 것, 이것이 가장 현실적인 습관 형성 방법입니다. 이 과정을 거친다면 그 어떤 아이들도 중학생이 되기 전 자신만의 '자기 주도적 공부 습관'을 확실하게 장착할 수 있어요. 습관은 부모님이 말로 지시한다고 해서 해결되는 것이 결코 아닙니다. 그저 스며드는 것입니다.

복습도 마찬가지입니다. '말로만' 지시하지 말고, 처음에는 아이와 나란히 앉아 틀린 문제를 다시 풀어보도록 도와주세요. '말로만' 플래너를 쓰라 하지 말고, 처음에는 아이와 나란히 앉아 플래너 작성을 도와주세요. '말로만' 오래 앉아서 공부하라 하지 말고, 처음에는 아이가 집중할 수 있는 시간을 체크해 5분 간격으로 점점 공부 시간을 늘릴 수 있도록 도와주세요. '말로만' 책을 읽으라 하지 말고, 처음에는 잠자리 독서 시간을 가지면서 일단 직접 읽어주세요. 아이 앞에서 부모님이 독서하는 모습을 먼저 보여주는 것도 좋습니다. 그렇게 한다면 아이는 분명 자기 주도적 공부 습관을 가진 중학생, 고등학생으로 성장할 수 있을 겁니다.

1-3

현실을 있는 그대로 바라볼 줄 아는 자세

외면하고 싶고, 피하고 싶고, 때로는 숨기고 싶은 현실이 있습니다. 그러나 아이의 성장을 위해서는 현실을 있는 그대로 받아들일 줄 아는 자세가 필요합니다. 현재 우리나라의 사교육 시장은 말 그대로 과열 상태입니다. 높아지는 의대 인기와 함께 초등 때부터 학부모님들의 불안감을 조성하는 마케팅이 성행하고 있습니다. 여러분은 사교육 과열 상태에 대해 어떤 생각을 갖고 계신가요? 아마 부정적으로 보는 분들이 많을 겁니다. 초등 때는 공교육만으로도 해결할 수 있는 부분이 얼마든 있기 때문이겠죠.

하지만, 현실을 있는 그대로 볼 줄은 알아야 합니다. 사교육 과열 상태라는 건 이미 많은 초등 아이들이 본인들에게 필요한 사교육을 받고 있다는 의미입니다. 한국에 계속 살면서 입시를 치를 것이라면, 또래 친구들과 어쩔 수 없는 경쟁을 할 수밖에 없습니다. 그렇다는 건, 사교육 과열 상태가 바람직하지 못하다고 해서 사교육의 타도만을 주장할 수는 없다는 겁니다. 당연히 사교육 과열 자체에 문제가 있을 수 있지만, 이 상황은 학부모 개개인의 노력으로는 바꿀 수 없습니다. 현실을 있는 그대로 직시하고, 사교육을 무조건 배척하기보다는 사교육 중 현재 우리 아이에게 적합한 것이 있는지 객관적으로 고민해 보는 자세가 필요합니다.

아이의 성향에 있어서도 마찬가지입니다. 초등 학부모는 아이의 현재 상태를 있는 그대로 볼 줄 알아야 합니다. 그래야만 아이의 성향에 맞게 잘 이끌어줄 수 있습니다. 아이가 특정 과목에 약하다고 해서 그걸 부끄러워하거나 숨기면 안 됩니다. 초등 시기는 아직 미완성의 상태이고, 그럴수록 담당 선생님께 솔직하게 전달해주어야 합니다. 더불어 아이에게도 약점을 받아들이고 보완할 방법을 알려주는 것이 좋겠죠.

아이의 현재 상태를 파악하기 위해서는 대화가 가장 중요합니다. 아이가 단순히 ○○학원의 ○○반에 다니고 있다고 해서 그것만으로 아이가 수업을 잘 따라가고 있는지, 어떤 수준에 이르렀는지 다 알기는 어렵습니다. 유명한 학원, 유명한 반에 내 아이가 다닌다는 사실 하나만으로 자부심을 느끼고, 주변에 자랑하다가 정작 아이의 학습 공백을 놓치게 되는 경우를 많이 보았습니다. 그러니 학원에 다니더라도, 매달 학원비를 내기 전 아이와 학원에서 쓰는 교재를 함께 넘겨보며 정말 잘 따라가고 있는지, 스트레스를 받는 건 아닌지, 아이의 현재 상태를 잘 파악해야 합니다.

진로를 설정할 때도 아이의 성향을 있는 그대로 반영해야 합니다. 아이가 공부를 잘한다고 해서 무조건 의대만 들이밀면 안 됩니다. 의대 공부는 창의력이 필요 없는 공부입니다. 교수님이 가르쳐주신 수술 방법을 창의적으로 변형하는 게 아니라, 100% 있는 그대로 소화해내는 게 의대 공부입니다. 그렇기에 창의적인 성향의 아이들은 의대 공부에 별 흥미를 느끼지 못할 수도 있습니다. 그만큼 진로를 결정할 때는 단순히 성적만을 기준으로 결정하기보다는 아이의 성향을 고려하는 것이 중요합니다.

결국, 가장 중요한 건 초등 학부모님이 '현실을 있는 그대로 바라볼 줄 아는 것'입니다. 특히 아이의 현재 상태나 성향에 대해 더욱더 관심을 가지고, 대화를 거듭하며 구체적인 공부 계획을 세우는 것이 중요합니다. 그만큼 진로를 결정할 때는 단순히 성적만을 기준으로 결정하기보다는 아이의 성향을 고려하는 것이 중요합니다.

1-4

아이가 공부를 원할 때까지 기다리고 계신가요?

최근 들어 부쩍 초등 아이들의 '공부 정서'가 강조되고 있습니다. 초등 아이들이 공부에 대한 긍정적인 감정을 가지도록 해주는 건 당연히 필요하고, 저 역시도 이러한 공부 정서의 중요성에 크게 공감합니다. 다만, 이러한 공부 정서가 강조되다 보니 아이가 공부하고 싶다고 자연스럽게 말할 때까지 마냥 기다리는 학부모님들이 점점 많아지고 있습니다. 그렇게만 된다면 더 바랄 게 없겠지만, 이는 현실적으로 불가능에 가깝습니다. 초등 때 학원은커녕 집에서 문제집도 안 풀고 놀기만 하던 아이가, 어느 날 갑자기 와서 '엄마! 나 공부할래!'라고 말하는 건 있을 수 없는 일이죠. 초등 아이들은 아직 어리기에, 자신들이 왜 공부를 해야 하는지, 공부를 하면 뭐가 좋은지,

이 시기에 어떤 공부를 해야 하는지 스스로 알 수가 없습니다.

"너 수학 공부 좀 해볼래?"

"영어 공부는 어때?"

마냥 기다릴 수만은 없어 아이에게 과목에 대한 선택권을 주는 경우도 종종 볼 수 있습니다. 이런 식으로 과목에 대한 선택권을 주면 대부분의 아이들은 본인의 선호 과목이 아니라면 그냥 놀고 싶어 할 것입니다. 그렇게 공부의 시작을 자연스레 미루게 되고요. 어쩌면 아이의 입장에서 이는 당연합니다. 공부보다 노는 걸 더 좋아하니 그런 반응을 보일 수밖에요. 공부 정서를 신경 쓰다가 아이의 공부를 자꾸 미루게 되면, 나중에 정말 공부해야 할 시기가 왔을 때 이전 내용들에 대한 학습 공백이 커져 제대로 공부하지 못하는 환경에 놓일 수 있습니다. 그렇게 되면 아이의 공부 정서는 더욱 크게 상할 수 있죠. 그러므로 초등 아이가 공부하고 싶다고 말할 때까지 기다리기보다는 시기별, 과목별로 큰 가이드라인을 잡은 후 그것을 토대로 이끌어주어야 오히려 나중에 공부 정서가 상하는 걸 방지할 수 있습니다.

부모님이 직접 교육 영상이나 자녀 교육서를 참고하면서 초등 때

해두면 좋을 것들을 먼저 그려보고, 시기별로 '과목' 정도는 명료하게 정해줄 필요가 있습니다. 물론, 그 이유도 함께 말이죠. "이제 4학년이 되었으니까 초등 수학 심화 문제집을 시작해보자. 지금 학교에서 보는 단원평가와 별 관련이 없어 보여도 나중에 중학생이 되면 어려운 문제들을 많이 접할 텐데, 그때 이 경험이 많은 도움이 될 거야"라고 '해야 할 것과 해야 하는 이유'를 정확하게 짚어주는 것이 좋습니다.

이렇게 했을 때, 초등 학부모님들은 아이가 자기 주도적인 공부를 하지 못하는 게 아니냐고 걱정하곤 합니다. 동시에 자기 주도적 태도를 만드는 데에 '사교육'이 방해물로 작용하지 않을까 하는 우려를 표하기도 합니다. 하지만 자기 주도적 공부라는 건 '사교육'의 반대말이 아닙니다. 자기 주도적 공부에는 '공부 습관 형성'이 필수인데요. 말하자면 꾸준한 복습, 플래너 작성, 집중 시간 늘리기 등 초등 시기에 필요한 공부 습관을 앞서 말씀드린 것처럼 초등 저학년 때 부모님이 함께 해주시다가 고학년이 되면서부터는 아이가 스스로 해볼 수 있게끔 하면 됩니다.

사교육은 결코 자기 주도적 습관의 반대 개념이 아닙니다. 규칙적으로 학원에 가고 숙제를 하면서 좋은 공부 습관이 형성될 수도 있으며, 그런즉 사교육을 '부족한 부분을 채우는 용도'로 받아들여야 합니다. 초등 시기부터 자신의 입으로 '엄마, 나 오늘부터 공부할래'라고 말하는 학생은 10%도 되지 않습니다. 어쩌면 그 이하일 수도 있고요. 초등 아이들은 자기가 어떤 공부를 해야 하는지 잘 알지 못합니다. 그러니 초등 때에는 전반적인 공부 가이드라인으로 아이를 이끌어주고, 부족한 부분에 대해서는 사교육을 적절히 활용하며 올바른 공부 습관이 잡히도록 도와주면 됩니다.

아이에게 공부를 시킨다고 해서 '자기 주도적 공부'의 체계가 무너지는 것이 아님을 기억하세요. 아이가 먼저 공부에 대한 의지를 보일 때까지 오매불망 기다리지 말고, 부모님이 중심을 먼저 잡은 후 아이의 방향성을 바로잡아주는 거예요.

1-5

공부가 인생의 전부는 아니겠지만

아직 꿈도 명확하지 않은 어린 초등 아이에게 공부를 시키는 것에 대한 회의감을 가진 학부모님들을 종종 만나게 됩니다. 그렇습니다. 공부가 인생의 전부는 아닙니다. 알다시피 공부를 잘해서, 혹은 좋은 대학에 갔다고 해서 다 성공하는 세상이 아닙니다. 반대로 공부를 못했다고 해서 실패하는 세상도 아닙니다. 공부를 잘하지 못해도 충분히 행복하게 잘 살 수 있습니다. 그럼에도 저는 이 말을 꼭 전하고 싶습니다.

"고학년이 될수록 점점 더 공부에 집중할 수 있는 환경을 아이에게 만들어주셔야 합니다."

이유는 많습니다. 첫째로, 학생이라면 누구나 초중고 시기에 공부를 할 수밖에 없습니다. 물론 그 시기에 음악, 미술, 스포츠 등의 분야에서 재능을 발견한다면 거기에 매진할 수도 있습니다. 인간은 누구나 자신만의 특출난 재능이 있으니까요. 하지만 성인이 되기 전에 그걸 찾게 되는 경우는 극히 드뭅니다. 그 재능을 조기에 찾을 수 없다면 결국 학생이라면 공부를 할 수밖에 없습니다. 그렇다는 건, 초등 때는 아예 공부를 안 시키다가 중등 때 갑자기 공부 환경에 뛰어들도록 하는 것보다는 초등 때부터 공부 습관을 잡아주고 기본적인 공부 실력을 쌓게끔 하는 것이 더 바람직하다는 얘기죠.

둘째, 인간이라면 누구나 남들보다 더 높은 위치에 서고 싶은 욕망이 있습니다. 어른들은 돈이나 명예가 그에 해당하겠고, 학생들에게는 '공부'가 될 것입니다. 특히 중고등학교에서는 공부가 곧 '돈'이자 '명예'입니다. 학교에 다니는 모든 학생이 똑같은 날짜에 똑같은 시험지로 시험을 보는 만큼, 좋은 성적을 받으면 친구들과 선생님들에게 자신의 존재감을 확실히 드러낼 수 있습니다. 이걸 생각해본다면, '초등 아이에게 공부를 시키는 건 너무 빠르다'라는 생각이 '지금부터 조금씩이라도 기본기를 확실히 다져줘야겠구나' 하는 생각으로 바뀔 것입니다. 그리고 과도한 '결과 지상주의'로 피로감을 느끼는 학부모님들도 있을 겁니다. 당장 저의 저서 《의대 합격 고득점의 비밀》만 하더라도 '의대생'이라는 타이틀을 내걸고 고등 공부법 책을 써 과도한 결과주의를 조장한다는 비판이 있었을 정도입니다. 공부를 열심히 해서 좋은 대학에 가고 좋은 성과를 얻는다면 더할 나위 없이 좋겠지만, 공부 그 자체만으로도 성장하는 데 필요한 소중한 가치들을 배울 수 있습니다.

정말 힘들고 포기하고 싶은 상황이 오더라도 자신이 해야 할 것들을 끝까지 해내는 끈기, 공부를 계획하고 실천하며 목표를 이뤄나가면서 얻게 되는 성공과 실패의 경험, 불가능해 보이더라도 목표를 가지고 도전해볼 줄 아는 용기 등 아이가 성인이 되고 앞날을 개척해 나가는 데 있어 공부는 생각보다 많은 것들을 선물해줍니다. 초등 때 아이에게 공부를 시키는 것에 대한 회의감을 내려놓고, 아이의 공부 습관과 공부 정서를 올바른 방향으로 이끌어줘야 하는 까닭이지요. 어차피 중고등 시기에 접어들면 아이는 혼자의 힘으로 공부해야 합니다.

그러니 앞으로는 아이에게 공부를 억지로 시켰다고 해서 자책하거나 후회하지 마세요. 공부는 하기 싫다고 해서 안 할 수 있는 게 아니라는 걸 아이도 알아야 합니다. 공부하기 싫어하는 아이를 방임하는 것보다는 어르고 달래서 주어진 숙제, 주어진 공부를 해나가게 하는 것이 훨씬 바람직하다는 것이죠. 당장은 아이가 힘들어 보이고 안쓰러워 보여도, 나중을 위한 길이니 마음을 굳게 먹길 바랍니다.

1-6

한 가지 사례에 매몰되지 않기

〈사교육 없이 의대에 합격했습니다〉라는 주제의 자녀교육서가 있다고 가정해봅시다. 이 책에는 사교육 없이 의대에 합격할 수 있었던 공부법 등이 상세히 기록되어 있을 겁니다. 그리고 이 책을 보며 어떤 학부모는 이렇게 생각하겠죠.

'내 아이도 사교육 없이 공부시켜 봐야지.'

그런데 여기서 조금만 더 생각해봅시다. 사교육 없이 의대에 합격했다는 이야기가 어떻게 자녀교육서로 출간될 수가 있었을까요? 답은 간단합니다. 사교육 없이 의대에 합격한 사례가 놀랄 만큼 특별하고 희귀하다는 의미입니다. 그럼 바꿔 생각해봅시다. 대부분의 아이들은 어떻게 의대에 합격할 수 있었다는 걸까요? 네, 그렇습니다. 남들이 다 받은 사교육을 통해 가까스로 의대에 합격했다는 의미입니다. 제가 이 단락에서 하고 싶은 말은 '하나의 사례에 절대로 매몰되어서는 안 된다는 것'입니다.

하나의 사례는 오직 그 한 사람에게만 적용되었을 가능성이 큽니다. 물론 검증되지 않은 것일 수도 있고요. 그리고 그 사례가 주목받는 건, 매우 어렵고 확률적으로 희박하다는 뜻이기도 합니다. 초등 학부모님들이 흔들리지 않고 중심을 잡기 위해서는 '특이성'보다는 '보편성'에 더 집중해야 합니다. 특이한 하나의 사례를 맹신하며 따르지 말고, 평범한 아이들이 어떻게 좋은 성적을 받을 수 있었는지, 어떻게 원하는 대학에 갈 수 있었는지를 주목해야 합니다. 한두 개의 사례만 있는 선택지와 이미 많은 사례가 있는 선택지가 있다면 너무나 당연하게도 후자를 선택하는 편이 낫습니다. 위험 부담을 조금이라도 줄일 수 있기 때문입니다.

결국 '완벽한 로드맵'이라는 건 없습니다. 만약 그걸 찾아냈다면 누구나 서울대, 의대에 갈 수 있을 테니 말입니다. 완벽한 로드맵이 이 세상에 존재하지 않는 만큼 결국 아이의 성향에 맞는 로드맵을 만들어가야 하고, 그걸 찾기 위해서는 남들이 많이 해오던 '보편적인 방법'부터 활용해보는 것이 더 바람직하다는 얘기입니다. 특히 아이가 중고등학생이 된다면 부모와 아이 모두 시행착오를 최소화해야 합니다. 공부에 있어 중요한 시기로 가고 있는 위치일수록 실수가 없어야 하고, 그러기 위해서는 불필요한 무리수를 둘 필요가 없다는 것입니다.

공부법도 마찬가지입니다. 하나의 공부법만을 따르기보다는 이미 검증이 되었거나 많은 이들이 효과를 본 공부법을 따르는 것이 낫고, 더불어 그 공부법이 아이에게 맞아떨어질 확률이 높습니다. 물론, 그 하나의 사례가 가진 효과도 분명 있습니다. '사교육이 없더라도 의대에 갈 수 있구나!' 정도의 가능성과 용기를 학부모들에게 준다는 것입니다. 다만 그 과정과 방법을 모두 맹신하면서 따르기보다는 어떠했는지 참고하면서, 아이에게 적용해볼 만한 게 있으면 몇 개 정도 활용해보는 정도로 접근하면 좋겠습니다.

하나의 사례를 성급하게 일반화하는 것만큼 위험한 사고는 없습니다. 그만큼의 위험 부담을 감수할 수 있다면 또 모르겠지만, 대부분은 그렇지 않기 때문입니다. 공부는 도박이 아닙니다. 조금 더 안전한 길을 택한 후 아이에게 제시해 준다면 분명 좋은 결과를 얻을 수 있을 것입니다.

1-7

사랑을 받아본 아이가 사랑을 줄 수 있습니다

초등 아이는 스펀지 같은 존재입니다. 아직 인격이 형성되는 시기이기에 주변의 많은 것들을 쉽게 흡수하게 되죠. 요즘에는 공부만큼이나 인성이 강조되고 있는데, 인성이 좋다는 건 사랑을 베풀 줄 아는 아이라는 뜻이기도 합니다. 사랑을 베푸는 아이로 자라게 하려면 어떻게 해야 할까요? 답은 간단합니다. 사랑을 많이 받아봐야 합니다. 의대에 오면 아이들의 심리 상태에 대해 배우게 되는데요. 아이들은 '모방 심리'가 정말 강합니다. 초등 아이들과 가장 많이 붙어 있는 사람은 아무래도 부모님일 테고, 아이들은 그런 부모님의 모습을 알게 모르게 따라 하게 됩니다.

부모님은 아이에게 절대적으로 많은 사랑을 줄 수 있어야 합니다. 그러므로 함께 있을 때 아이가 긴장하지 않고 편안하게 있을 수 있게 해주셔야 합니다. 자주 안아주세요. 삶이 바쁘더라도 아이의 말을 끝까지 잘 들어주고 반응해주세요. 늘 아이에게 신뢰를 보내주고, 조금 낯간지럽더라도 애정 표현도 많이 해주세요. 아빠들 중에서 특히 애정 표현을 꺼리는 분들이 많은데요. 이왕이면 말로 표현하는 연습을 해야 합니다. 아이가 커서 성인이 되었을 때 초등 시기를 돌이켜보며 '아, 그때 사랑한다고 더 말할걸' 하며 후회하지 말고, 지금부터 애정 표현 연습을 해나가는 것이 좋습니다.

아이는 조건 없는 사랑을 듬뿍 받아봐야 합니다. 그래야만 아이가 이러한 사랑을 저장해두었다가 사랑을 베풀어야 할 시점이 왔을 때 적절한 방식으로 나눠줄 수 있으니까요. 사랑을 받아보지 못한 아이는 사랑을 어떻게 줘야 하는지 알기 어렵습니다. 저 역시 어렸을 때부터 부모님에게 많은 사랑을 받았습니다. 정말이지 차고 넘치도록 받았습니다. 사랑한다는 말을 듣는 게 일상이었고, 때마다 안아주셨습니다. 그 때문에 제 마음속에는 늘 안정감이 있었습니다. 공부 때문에 불안할 때도, 친구와의 관계 때문에 고민할 때도, 조건 없이 사랑을 주고 계신 부모님 덕에 어렵지 않게 극복할 수 있었어요.

어렸을 때부터 사랑을 듬뿍 받은 저는 중고등 6년 내내 반장을 했습니다. 장애인 복지 시설에 매달 봉사활동을 나가면서도 힘든 줄을 몰랐죠. 사랑을 베푸는 방법을 따로 배우지 않았지만 이미 몸과 마음이 그것을 알고 있었기 때문입니다. 사랑과 이해를 자연스럽게 주변에 나누는 데에는 부모님의 역할이 정말 컸어요. 사랑한다는 말은 돈이 드는 일도, 시간이 드는 일도 아니에요. 그저 습관처럼 아이의 눈을 보며 사랑한다고 100번, 200번 말해주세요. '사랑한다는 말'의 힘이 얼마나 강한지 새삼 느낄 수 있을 거예요.

아이들은 사랑뿐만 아니라 부모의 말이나 행동, 가치관마저도 그대로 습득하게 됩니다. 그러니 만약 아이가 식사 후 손에서 핸드폰을 놓지 못한다면, 잔소리할 게 아니라 부모님이 먼저 그 시간에 책을 읽는 모습을 보여주세요. 아이와 밖에 나가 산책하는 것도 좋습니다. 아이는 부모의 행동을 따라 한다는 걸 잊지 마세요.

1-8

공부법 과잉 시대, 학부모님이 공부해야 합니다

지금은 공부법 과잉의 시대입니다. 당장 유튜브만 살펴봐도, 자녀교육서 몇 권만 읽어보더라도, 교육 콘텐츠 몇 개만 참고하더라도 손쉽게 공부법을 접할 수 있습니다. 문제는 그 공부법, 공부 조언들이 정말 '너무나도' 많다는 것입니다. 선생님, 입시 전문가, 자녀를 좋은 대학 보낸 엄마, 상위권 학생 등 다양한 사람들이 공부 조언을 쏟아내고 있다 보니 어떤 걸 거르고 어떤 걸 따라야 할지 막막한 것이 사실입니다.

이러한 공부법 과잉 시대에 학부모님이 중심을 잡기 위해서는 스스로 열심히 공부해야 합니다. 아는 정보가 부족하면 부족할수록 쉽게 흔들리고 중심이 무너지기 때문입니다. 직접 공부해보지 않으면, 아마도 모든 '그럴 듯한' 공부 조언에 고개를 끄덕이게 될 것입니다. 그러니 일단은 학부모님이 직접 교육 유튜브도 찾아보고, 자녀교육서도 읽으면서 공부해 나가야 합니다. 특히 비 학군지에 살고 있다면 이러한 실천은 더더욱 요구됩니다. 아이들이 직접 나서서 공부법을 찾는다면 문제가 될 것이 없겠지만, 현실적으로 아이들은 공부와 학교생활만 하기에도 벅찹니다. 고로, 어떤 공부법이 아이에게 도움이 될지 학부모님이 먼저 알아보신 후 그에 맞춰 이끌어주어야 한다는 것이죠.

대표적으로는 '뽀모도로 공부법'이 있습니다. 이 공부법은 25분 집중, 5분 휴식을 총 4번 반복하고 그 후 긴 휴식(15분~30분)을 취하는 시간 배분법입니다. 실제로 이 방법이 유행하면서 한때 '뽀모도로용 타이머'나 관련 유튜브 영상들이 많이 나오기도 했습니다. 물론, 인기를 끈 공부법이라 해서 모든 학생에게 맞는 것은 아닙니다. 어떤 아이들은 흐름이 끊기는 걸 싫어해서 2시간을 내리 공부한 후 20분 쉬는 루틴을 선호하기도 하고, 시간을 정해두고 공부하는 것에 부담을 느껴 시간제한보다는 공부량을 기준으로 삼는 아이들도 있습니다. 아무리 유명한 공부법이더라도 아이의 성향에 방법을 달리해야 할 수도 있다는 것이죠. 학부모님들이 다양한 공부법, 공부 조언들을 접하면서 각각의 것들을 비교해보고 어떤 것들이 우리 아이의 성향에 도움이 될지 고민해야 하는 까닭입니다.

특히나 〈2022 개정 교육과정〉의 적용이 시작되고 〈2028 대입 개편안〉이 2025년 고1부터 적용되는 만큼 입시에도 크고 작은 변화가 생길 것입니다. 그에 따라 맞춤 공부법에 대한 고민도 요구되는데요. 다양한 정보를 가지고 있어야 새로운 정보 앞에서 흔들리지 않고 아이를 올바른 방향으로 이끌어줄 수 있습니다. 특히 중고등학생 가운데는 자신의 공부 고민을 부모님께 잘 털어놓지 않는 학생들이 많습니다. 이유를 물어보면 대부분은 이렇게 답합니다.

"말을 해봤자 어차피 무슨 말인지 못 알아들어서 그냥 말을 안 해요. 아마 부모님은 제가 무슨 공부를 하고 있는지도 모를걸요."

중학생이 되었다는 이유만으로 모든 공부를 아이에게 맡기고 관심을 꺼버린다면, 공부에 대한 고민을 부모님에게 토로하기가 더욱 힘들어집니다. 수학 문제를 더는 아이와 함께 풀지 않더라도 학원에서의 진도가 어떻고 어떤 과목을 잘하는지, 혹은 아이의 구체적인 공부 목표가 무엇인지는 알고 있어야 합니다. 특히 아이가 고등학생이 되면 내신 공부, 모의고사 공부, 각종 수행평가, 생활기록부 관리 등으로 정신이 없기에 '대학 입시'에 대한 공부를 부모님께서 아이 대신 해주셔야 합니다.

대학 입시 전형에 대한 공부를 부정적인 시각으로 보는 전문가도 있습니다. 입시 전형 공부를 아무리 많이 해봤자 학생 성적이 안 나오면 못 가기에 학부모의 입시 공부를 '무의미한 것'으로 여깁니다. 서울대, 의대 가는 방법을 몰라서 못 가냐는 식으로 비꼬면서 말이죠. 그러나 제 생각은 조금 다릅니다. 대학 입시 전형을 꼼꼼하게 공부한다고 해서 일반고 3등급이 의대에 가지는 못하겠지만, 원래 갈 수 있는 대학보다 좀 더 높은 대학에 갈 수 있는 가능성이 커진다는 사실은 분명합니다.

대학 입시는 어쩌면 10대의 가장 중요한 문제이며, 대학은 아이가 앞으로 다니게 될 학교이자 살게 될 지역, 미래의 직업에까지 영향을 줄 수 있는 지극히 중요한 요소입니다. 이러한 대학 입시를 그저 학교 선생님이 ○○으로 쓰라고 했다고 해서 아무 고민 없이 ○○으로 쓰게 할 건가요? 고3이 되면 그때 입시 컨설팅을 받으면 된다고 말하는 학부모님들도 있습니다. 거듭 강조하건대, 대학은 그리 단순한 문제가 아닙니다.

실제로 저도 고3 1학기가 끝난 후 서울의 어느 입시 컨설팅 업체에서 상담을 받았습니다. 부모님과 형이 그 자리를 함께했죠. 입시 컨설턴트가 10개 정도의 전형을 추천해주었는데, 당시 저는 입시에 대한 공부를 전혀 하지 않은 상태였습니다. 비싼 컨설팅만 받으면 모든 게 해결될 줄 알았는데, 현실은 그렇지 않았어요. 입시 컨설팅을 제대로 활용하려면 A 전형은 어떻게 생각하는지, A 전형과 B 전형을 비교했을 때 둘 중 어떤 전형이 더 유리한지 등의 추가적인 질문을 스스로 할 줄 알아야 하는데 입시에 대해 아는 게 없다 보니 컨설팅받는 두 시간 동안 '네, 그렇군요'라는 말만 반복하다가 그냥 나오고 말았습니다. 입시 컨설팅을 받더라도, 대학 입시에 대해 미리 공부하지 않으면 이를 제대로 활용할 수 없다는 뜻입니다.

제 생각은 이러합니다. 고등 아이에게는 대학 입시를 따로 공부할 만한 여유가 아무래도 없기에 학부모님이 바쁜 아이를 대신해 대학 입시 전형을 공부하는 게 좋습니다. 고3이 되면 아이와 부모님 모두 마음이 급해지기 마련입니다. 아이가 고1이 되는 시점부터 주변에 입시 설명회 같은 게 있으면 가벼운 마음으로 가서 요즘 입시 분위기가 어떤지 한 번 살펴보세요. 교육 유튜브 채널에 입시 관련 영상이 나오면 꼼꼼히 참고하면서 전반적인 상황을 체크하는 것도 좋습니다. 아이가 고3이 되면 이러한 '참여'를 좀 더 '본격적'으로 해주면 됩니다.

이와 관련해 박권우 선생님의 《수박 먹고 대학 간다》를 읽어보시길 권합니다. 매년 개정되어 출간되는 책이며, 실전편과 기본편으로 구성되어 학교별 수시 전형을 꼼꼼하게 확인할 수 있습니다. 무엇보다 대학 원서를 쓰기 한 달 전부터는 아이와 많은 얘기를 나누어야 하는데요. 이는 그 어떤 사람보다 아이의 생각이 가장 중요하기 때문이죠. 나중에 어떤 과에 진학하길 원하는지, 현재 성적은 어떻게 되고 입시 컨설팅이나 학교 선생님과의 상담 결과는 어땠는지 등 다양한 얘기를 나누다 보면 아이와 함께 구체적인 방향 설정을 해나갈 수 있습니다.

서울에 올라와 입시 컨설팅을 받은 저는 대학 입시에 대해 너무 모르고 있었다는 사실에 충격을 받고, 그때부터 입시 공부를 열심히 하기 시작했습니다. 재미있는 것은 그 당시 학교 선생님도, 입시 컨설턴트도 제게 '중앙대 의대 다빈치형인재 전형'(지금은 CAU융합형인재 전형으로 명칭 변경)을 추천해주지 않았다는 것입니다. 대학 원서를 쓰기 한 달 전부터 매일 밤 30분씩 가족들과 둘러앉아 《수박 먹고 대학 간다》를 넘겨보며 여러 전형을 살펴보았고, 그때 해당 전형을 발견하게 되었습니다. 제가 입시를 치렀던 2021학년도 '다빈치형인재 전형'의 평가 요소였던 '통합역량', '발전가능성', '인성', '탐구역량' 등이 제 생활기록부 방향성과 일치한 까닭에 소신껏 지원해봤고, 그게 합격으로 이어진 것이었죠.

놀랍지 않나요? 그때 가족과 함께, 또 혼자 스스로 대학 입시 공부를 하지 않았다면 저는 중앙대 의대에 진학하지 못했을 것입니다.

그만큼 대학 입시 전형에 대한 공부는 중요합니다. 고등학생들은 공부하고 학교생활을 하기에도 빠듯한 것이 현실입니다. 고등 학부모의 1순위 역할을 '대학 입시 전형 공부'로 삼고 접근한다면 아이의 입시에 큰 도움이 될 것입니다. 이뿐만 아니라 아이가 초등학생일 때도, 학부모님이 수많은 공부법 중 아이에게 맞는 학습법을 찾을 수 있도록 노력해주시면 좋겠습니다.

1-9

전과목을 잘 가르치는 과외 선생님은 극히 드뭅니다

초등 때는 학원을 활용하는 경우도 많지만, '엄마표'로 모든 과목을 이끌어주려는 학부모도 적지 않습니다. 말하자면 학원에 보내는 시기를 늦추고, 집에서 전과목을 '직접' 가르치려 하는 것이죠. 이러한 부모님들은 특히 아이를 학원에 보내는 것에 대해 우려를 표합니다. 자신이 가르치는 것이 왠지 더 효과적일 것 같고, 무엇보다 아이를 사교육의 굴레에 너무 일찍 맡겨버리는 것 같은 무책임한 기분 때문이지요. 네, 그게 뭐든 좋습니다. 그렇다면 현실은 어떨까요? 그 '엄마표' 교육이 잘 되고 있을까요? 1장을 마무리하면서 '엄마표'의 장단점과 한계, 그리고 해결 방안에 대해 깊이 있게 다뤄보고자 합니다.

먼저 전과목을 '모두' 잘 가르치는 과외 선생님은 찾아보기 어렵습니다. 엄미표 방식이란 내 아이만을 위한 '1 대 1' 과외 선생님 역할을 부모님이 대신해주는 것입니다. 그러나 실제로 과외 선생님 중에서는 한두 과목을 전문적으로 하는 분은 있어도 전과목을 모두 잘 가르치는 분은 거의 없습니다. 상황이 이러한데, 하물며 부모님이 아이에게 전과목을 다 잘 가르치는 것이 현실적으로 가능한 일일까요? 초등 학부모도 학생이었던 시기가 있었을 것이고, 예체능 쪽이 아니라면 문과 또는 이과로 나뉘었을 것입니다. 학부모 중에서도 국어, 영어와 같은 언어 분야에 강한 학부모가 있을 테고 수학, 과학처럼 이과 분야에 강한 학부모가 있을 거라는 얘기죠.

문과 성향의 학부모가 집에서 수학과 과학을 가르치려 한다면, 혹은 이과 성향의 학부모가 국어와 영어를 가르치려 한다면 아무리 초등 내용이라도 가르치는 게 생각보다 어려울 수 있습니다. 부모가 되기 전으로 돌아가 대학생이었던 시기를 떠올려봅시다. 대학생 때 초중고 학생을 대상으로 과외를 해본 경험이 있나요? 아마 대부분은 누군가를 가르쳐본 경험조차 없을 것입니다. 결국 아무도 가르쳐본 적이 없는 상황에서 여러분의 '1호 제자'를 아이로 삼는다면 어려움이 생길 수밖에 없습니다. 저조차도 첫 과외를 할 때는 경험이 부족했던 만큼 많은 시행착오를 겪었거든요.

물론 6세~7세부터 초등 저학년까지는 전과목을 엄마표로 관리하는 게 가능할지도 모릅니다. 그러나 사회와 과학까지 배우는 초등 3학년이 되는 순간, 해야 할 과목이 많아지고 특히 모든 과목이 '암기 중심'이 아닌 '원리 중심'으로 돌아가기에 이를 충분히 이해하고 고민할 시간을 아이에게 주어야 합니다. 특정 과목에만 특화된 학부모는 그렇지 않은 과목을 그저 암기식으로 접근시키기도 하는데, 그렇게 되면 그 과목에 대한 학습 공백은 커져만 갈 것입니다.

여기서 특히 주의할 것이 '오개념'입니다. 초등 내용이 쉽다는 이유로 가벼운 마음으로 가르쳤다가 자칫 '오개념'이 섞여 들어간다면 문제가 커집니다. 그 오개념이 머리에 굳어져서 다시 올바른 개념을 심어주기까지 두 배, 세 배의 시간이 들어간다는 것이죠. 이렇듯 부모님이 선생님의 역할을 대신하는 건 쉬운 일이 아닙니다. 아이들은 부모님을 '선생님'으로 인식하기 어려울뿐더러, 역할에 대한 혼란을 가중할 수 있습니다. 선생님의 역할을 제대로 수행하려면 아이가 공부를 제대로 하지 않을 때 지적도 하고 때로는 화도 낼 수 있어야 하는데, 부모님들은 아무래도 마음이 약해질 수밖에 없습니다. 공부 때문에 아이와 다투면 아이의 공부 정서가 상할 거라는 '어쩔 수 없는 부모의 마음'이 작용하는 것이죠.

앞서 했던 얘기들을 종합하여 결론을 내려보겠습니다. 먼저, 엄마표 공부가 '절대적'으로 나쁘지는 않습니다. 요즘에는 엄마표 영어, 수학의 올바른 방향을 제시하는 전문가들도 많기 때문에 그 방법을 명확히 익혀 아이에게 적용해볼 수도 있습니다. 특히 공부 정서가 형성되는 유·초등 시기에 사교육에 의존하지 않고 부모님의 지도하에 함께 공부하고, 아이의 성향에 맞는 공부를 시킬 수 있다는 장점이 있습니다. 아이에 대해서 누구보다 잘 이해하고 있는 부모님이기에 가능한 일입니다. 그러나 초등 학부모 역시 강점 과목과 약점 과목이 있을 것입니다. 약점 과목까지 아이에게 가르치면서 '암기식 교육'과 '오개념 주입'의 위험성을 감수할 필요는 없다는 거죠.

그러니 제가 학부모님께 하고 싶은 이야기는 전과목을 다 '엄마표'로 해야 한다는 부담감을 내려두셔도 된다는 것입니다. 우선, 학부모님이 자신 있는 과목과 자신 없는 과목에 대해 생각해보세요. 그리고 부모님 스스로 약점 과목이라 여기는 과목들은 직접 개념을 알려주기보다는 학교 수업 내용의 복습만 도와주거나 적절한 사교육을 활용하는 것이 부모님과 아이 모두에게 도움이 되는 현실적인 방법입니다. 아무리 부모님의 강점 과목이라 하더라도, 아이가 더 이상 부모님을 '선생님'으로 받아들이지 않을 시기가 오면 지도가 어려워집니다. 특정 과목 때문에 아이와의 다툼이 잦아지고, 문제를 풀라고 이야기를 해도 아이가 열심히 하려고 하지 않는다면, 더 이상 아이는 부모님을 '해당 과목 선생님'이라고 생각하지 않는 것입니다. 그때는 고민하고 걱정할 필요가 없어요. '이제는 엄마표 공부의 종착점으로 향하고 있다는 신호'이기 때문이죠. 그때부터는 아이에게 적절한 사교육을 활용해도 괜찮습니다.

초등 시기의 사교육은 대표적으로 '학원'과 '패드 학습'으로 나눌 수 있습니다. 우선, 학원은 초등 아이들의 공부 습관을 잡아주는 데에 어느 정도 긍정적인 역할을 해줍니다. 강제성이 부여되는 만큼 정해진 날짜까지 숙제를 하게 되고, 매주 동일한 시간에 학원에 감으로써 공부 습관이 형성되기도 합니다. 아이가 학원에 다니게 되면 부모님은 아이가 숙제를 잘하고 있는지, 아이의 수준에 맞는 학원인지 살펴주면서 아이가 학원을 잘 활용할 수 있게끔 도움을 주면 됩니다. 만약 학원에 가기 싫어하는 아이라면 패드 학습이나 EBS 초등 무료 강의 등을 활용해도 좋습니다. 이러한 형태의 공부는 학원 통학 시간을 아낄 수 있고, 검증된 선생님의 수업을 집에서도 들을 수 있으며, 부모님의 약점 과목을 보완할 수 있습니다. 다만, 강제성이 부여되지는 않기에 아이가 수업을 열심히 듣지 않더라도, 아이가 문제를 풀지 않더라도 지적할 선생님이 없다는 것이 단점이죠. 아이의 '꾸준한 패드 학습'에 부모님의 노력이 필요한 이유입니다.

유·초등 아이의 '첫 공부'는 엄마표로 전과목을 함께 이끌어주는 것이 좋으며, 다만 아이가 자라면서 부모님의 약점 과목이 두드러질 때, 혹은 아이가 부모님을 더는 선생님으로 받아들이지 않는 시기가 왔을 때는 사교육을 적절히 활용하길 바랍니다. 어떤 방향을 선택하든 부모님이 '함께' 관리해주는 것이 아이의 공부 정서를 지키는 길임을 잊지 마세요. 제가 의대에 합격했다고 하면 초등 때부터 엄마에게 전과목을 케어받았을 거라 생각하는 분들이 많은데요. 사실 그렇지 않습니다. 엄마는 문과적 성향이었고, 특히 책과 영화를 좋아하셨습니다. 그래서 수학, 과학과 같은 이과 과목은 어렸을 때부터 EBS 무료 인강을 듣고, 학원을 다니는 등 외부의 도움을 받았습니다. 영어도 학원을 비롯한 외부의 도움을 받았고요.

다만, 국어만큼은 엄마표로 많은 도움을 주셨습니다. 특히 독서를 좋아하셔서 잠자리 독서 때 다양한 분야의 책을 읽어주시고, 관련된 여러 배경 지식도 알려주셨어요. 책 읽는 엄마를 보며 자연스레 독서 습관을 익히기도 했죠. 이렇듯 저희 엄마 역시 전과목을 케어했던 게 아니라 가장 자신 있는 국어만 엄마표로 이끌어주시고, 나머지는 사교육을 적절히 활용하셨답니다. 그러니 전과목을 엄마표로 초등 내내 해야 한다는 부담감을 떨쳐내고, 학원을 보내는 것에 대한 괜한 죄책감 역시 떨쳐내셨으면 좋겠습니다.

SECRET

Chapter

2

초등 학부모의 잘못된 믿음과 진실

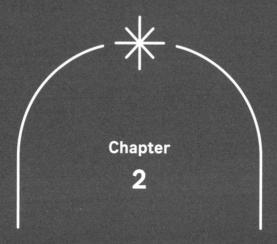

2-1

모든 문제집을 '매일' 꾸준히 풀어야 한다는 믿음

내 아이에게 올바른 공부 루틴을 만들어주고 싶은 마음은 어느 부모나 마찬가지일 것입니다. 그리고 이러한 이유로 모든 문제집을, 매일같이 풀어야 한다는 생각을 갖게 되지요. 아이가 아직 초등 저학년이라면 해야 할 문제집 종류가 많지 않아 모든 문제집을 '매일' 풀리더라도 부담이 크지 않습니다. 그러나 초등학교 3학년이 되면 사회와 과학이 시작되고, 고학년으로 갈수록 아이가 풀어야 할 문제집 수는 점점 많아지게 됩니다. 공부 때문에 독서 시간, 쉬는 시간이 확보되지 않는다고 걱정하시는 초등 학부모님들도 많습니다. 어느 순간에는 하루에 해야 할 문제집 수가 너무 많아 힘들어하는 아이를 보게 될 것이고, 결국에는 하나의 문제집도 제대로 소화하지 못하는 상황을 마주하게 됩니다.

"초등 문제집 중에서 매일 풀어야 하는 문제집은 단 한 권도 없습니다."

여기서 저는 이 얘기를 하고 싶습니다. 초등 때 공부 루틴을 만드는 것은 물론 중요합니다. 그렇다고 해서 '모든' 문제집을 무리해가면서까지 '매일' 풀릴 필요는 없어요. 공부 루틴이라는 것은 '매일'이 아니더라도 확실한 패턴만 있다면 만들 수 있습니다. 그러니 만약 초등 아이가 매일 풀어야 할 문제집 양 때문에 힘들어하고, 심지어 독서 시간까지 빼앗기고 있다면 '매일 푸는 루틴'을 과감히 버리고 '격일'로 바꾸기를 권장합니다. 매일 풀리려다 하루 이틀 놓치게 되면 오히려 루틴이 깨져버리니, 격일로 아이의 학업 부담을 줄이고 더불어 '공부 루틴 만들기'에 유리한 상황을 만들어주세요.

만약 아이가 개념서, 연산, 심화, 도형이라는 총 4권의 수학 문제집을 푼다고 가정해봅시다. 이럴 때는 월, 수, 금은 개념서와 연산을 두고 화, 목, 토는 심화와 도형으로 '격일 배치'하면, 하루에 풀어야 할 문제집이 절반으로 줄게 되고 아이의 부담도 그만큼 줄일 수 있습니다. 더불어 독서 시간과 쉬는 시간도 확보할 수 있게 됩니다. 루틴을 격일로 바꾸는 건 사소하게 보이지만 생각보다 큰 힘을 발휘합니다. 결국 초등 때에는 그 어떤 문제집도 매일 풀어야 할 이유가 없습니다. 물론, 아이가 매일 문제집을 푸는 것을 힘들어하지 않는다면 그대로 진행해도 됩니다. 그러나 소화해야 할 문제집 수가 많아 힘들어하는 모습을 보이거나, 문제집 때문에 마땅히 해야 할 독서와 휴식 시간조차 보장받지 못하게 된다면 오히려 많은 부작용을 낳을 수 있다는 걸 명심하세요.

2-2

학원을 보내면 성적이 오를 거라는 믿음

초등학교 3학년~4학년 정도 되면 많은 아이들이 학원에 다니게 됩니다. 수학부터 국어, 영어, 과학 학원에 다니기도 합니다. 학원, 과외, 인터넷 강의 등 다양한 공부 수단이 있지만, 첫 사교육은 '학원'으로 시작하는 경우가 많습니다. 첫 사교육으로서의 학원은 분명 장점이 있습니다. 학습적인 부분은 물론이고, 학원을 통해 공부 루틴 또한 어느 정도 잡을 수 있지요. 매주 정해진 시간에 학원에 가고, 딴짓하지 않고 수업에 집중함으로써 집중력도 기를 수 있습니다. 강제성을 띠기에 숙제하면서 자연스레 공부하게 되고, 열심히 공부하는 친구들을 보면서 자극을 받기도 합니다. 이는 곧 공부 루틴 형성에 영향을 주고요.

그러나 학원에 다닌다고 해서 무조건 성적이 오르는 것은 아닙니다. 학원을 보낸 이후 부모님의 역할이 중요해요. 우선, 매달 학원비를 내기 전에 아이가 한 달 동안 학원에서 풀었던 문제집을 함께 넘겨보면서 얘기를 많이 나눠봐야 합니다. 잘 배우고 있는지, 문제를 너무 많이 틀리는 건 아닌지, 너무 쉬운 내용은 아닌지 등을 꼭 확인해야 합니다. 요즘은 특히 '정' 때문에 학원을 그만두지 못하는 아이들이 많습니다. 학원 선생님, 학원 친구들과 정이 들고 친해지다 보니, 배우는 게 없고 공부에 별 도움이 되지 않는데도 학원이 주는 '안정감' 때문에 쉽게 놓지 못하는 것이죠. 학원이 공부에 도움이 안 된다고 얘기하면 부모님은 학원을 그만 다니게 할 테고, 아이는 거기서 오는 상실감이 두려운 거예요.

이때 부모님의 역할이 중요합니다. 부모님이 판단했을 때, 학원이 아이에게 이렇다 할 도움이 되지 않는 것 같다면 때로는 냉정하게 학원을 정리해줄 필요도 있습니다. 그 결정을 아이 스스로 내리기에는 여러모로 어렵습니다. 학원의 궁극적인 목적은 '공부에 도움이 되는 것'이고, 그 목적과 멀어지고 있다면 마땅한 조치가 필요하다는 것이죠. 학원은 가장 보편적인 사교육의 형태이지만, 단체로 수업하는 학원의 방식과 잘 들어맞지 않는 아이들도 분명 있습니다. 이 아이들에게는 '개별 진도식' 학원이나 과외, 인강이라는 추가 선택지도 있습니다.

과외는 학원에 비해 비용적인 부담이 크지만, 일 대 일 관리가 가능하기에 학습 측면에서는 유리합니다. 물론 과외의 특성상 선생님의 스타일에 따라 아이에게 도움이 될 수도, 그렇지 않을 수도 있지요. 과외 선생님을 신중하게 잘 구해야 하는 이유이기도 합니다. 단순히 전화 상담만으로 과외 선생님을 구하는 경우가 있는데요. 저는 '시범 과외'를 먼저 받아보길 권장합니다. 성장기 아이의 과외 선생님은 아이의 학습뿐만 아니라 아이의 생활에도 영향을 줄 수 있습니다. 이러한 중요한 결정을 전화 한 통으로 내린다는 게 과연 가능한 일인지도 모르겠습니다. 실제로 1시간, 2시간 정도 시범 과외를 받으며 선생님의 설명 방식, 아이를 대하는 태도, 어조나 전반적인 스타일이 잘 맞는지 아이가 직접 느껴볼 수 있도록 하는 것이 좋습니다. 선생님을 만나 대면 상담을 하면 선생님의 분위기나 태도, 눈빛, 자세 등을 더 정확히 살필 수 있어요. 실제로 어떤 학부모는 아이 과외 선생님을 전화로만 구했는데, 첫 과외가 끝난 후 담배 냄새가 너무 많이 나서 수업에 집중하기 어려웠다는 말을 아이에게 듣기도 했습니다. 시범 과외나 대면 상담을 통하면 이러한 부분까지도 미리 확인해볼 수 있습니다.

인터넷 강의, 즉 인강은 시공간의 제약이 없고 부족한 부분만 골라 학습할 수 있다는 장점이 있습니다. 학원을 오가는 시간이 그만큼 절약된다는 것이죠. 대신 인강은 '강제성'이 없고, 이는 때로 치

명적입니다. 수행해야 할 숙제가 없고 수업에 집중해야 할 의무가 없다면 결국 부모님이 선생님의 역할을 대신해야 하기에 더욱 그러합니다. 아이가 인강을 잘 듣고 있는지 지속적으로 관찰해야 하며, 일주일 단위로 아이와 함께 복습하는 등 관리자의 역할을 제대로 해주어야 한다는 것입니다. 이러한 이유로 초등 때는 인강을 단독으로 학습하기보다는 학원과 병행하며 부족한 부분을 채우는 용도로 인강을 권장하는 편입니다. 예컨대 수학 학원에 다니고 있는데 심화 문제 풀이가 부족하다면, 이를 인강으로 보완하게 되는 것이죠.

정리하자면, 첫 사교육을 학원으로 시작하는 것에는 별문제가 없습니다. 앞서 말했듯 공부뿐만 아니라 공부 루틴을 자연스럽게 형성할 수 있기 때문이죠. 다만, 학원에 보냈다고 해서 모든 것을 학원에 의탁해서는 안 됩니다. 아이가 진도를 잘 따라가고 있는지, 더 다닐 이유가 없는데 정 때문에 그만두지 못하고 있는 건 아닌지 수시로 확인해야 하는 것이죠. 특히 학원 프로그램이 아이와 맞지 않는다면 과외, 인강 등의 선택지도 충분히 검토해 볼 수 있어야 합니다.

중학교 성적은 대학 입시에 반영되지 않지만, 고등학교 성적은 대학 입시와 직접적으로 연관이 됩니다. 이는 고등 3년 시기의 시행착오를 최소화해야 하는 까닭이기도 하고요. 그러나 실제로 많은 고등학생이 학원 선택에 시행착오를 겪으며 고등 3년이라는 소중한 시간을 허비하고 있습니다. 그렇게 되지 않도록, 고등 입학 전까지는 학원, 과외, 인터넷 강의 등 다양한 경험을 해보고, 고등 3년 동안 '확실히 정착할 수 있는 공부 수단'을 아이와 부모님이 함께 고민하며 찾아야 한다는 것을 잊지 마세요.

2-3

공부는 '될놈될'이라는 믿음

'될놈될'이라는 말, 들어보셨나요? '될 놈은 된다'라는 뜻으로, 초중고 학부모들 사이에서는 '어차피 공부를 잘하고, 공부로 성공할 아이들은 정해져 있다'라는 뉘앙스로 활용되는 신조어입니다. 어쩌면 이는 아예 근거 없는 얘기가 아닐지도 모릅니다. 부모님의 경제적 여건이 넉넉하다면 유학을 통해 영어 실력을 수준급으로 향상할 수 있고, 유명한 고액 과외를 다 들으면서 공부에 필요한 부분들을 자연스럽게 채워나갈 수도 있습니다. 그뿐만 아니라 애초에 똑똑한 머리를 타고났다면, 같은 내용을 배우더라도 습득력이 훨씬 더 빠를 것입니다. 공부를 '덜' 해도 '더' 좋은 성적을 받을 수 있기에 유리할 수밖에 없고요. 그리고 이렇게 타고난 아이들과의 격차 때문에 스스로 한계를 정해버리기도 합니다.

아이를 학원에 보내다 보면 내 아이보다 공부를 잘하는 또래들을 쉽게 볼 수 있습니다. 아이가 아무리 열심히 해도 눈에 띄는 건 내 아이보다 공부를 더 잘하는 옆집 아이죠. 그런 아이들을 보면서 겉으로 표현하지 않을 뿐, 부모님은 '될놈될'을 불변의 법칙이라 여기고 아예 체념해버리기도 합니다. 특히나 이런 생각들이 더해지면서 아이가 공부를 더 열심히 해야 할 시기인데도 불구하고 학습적 지원을 줄이기도 하죠. 원래 아이의 교육에 관심이 많던 학부모들조차 말이에요. 공부를 잘하는 아이들이 이미 정해져 있다는 생각에 좌절하고, 교육에 점점 관심을 끊고, 아이 혼자서 하도록 내버려두는 상황도 발생합니다.

저는 초등 학부모에게 이 얘기를 꼭 하고 싶습니다. 공부는 어쩌면 '될놈될'이 맞을 수도 있습니다. 공부를 잘하는 아이가 어쩌면 정해져 있을 수도 있다는 것이죠. 그렇다고 아이에게 공부를 안 시킬 건가요? 아이가 공부를 안 하고도 중고등 시기를 잘 보낼 수 있을까요? 한국에서 중고등학교를 계속 다니는 이상 계속 학교 수업을 들어야만 하고 계속 공부해야만 하며, 계속 시험을 봐야만 합니다. 어차피 공부해야 하는 대한민국의 교육 현실에서, '될놈될'이라는 생각으로 부모님이 먼저 포기하고 지원을 중단하면 안 된다는 뜻입니다. 물론 노력만으로 타고난 친구들을 상대하는 건 쉽지 않습니다. 그렇다면 그 친구들에게 1등 자리는 내어줄지언정 2등 정도는 목표로 두어야 원하는 바를 이룰 수 있지 않을까요? 부모님이 먼저 아이의 가능성을 포기하지 마세요.

더불어 현재 대한민국 초중고 교육에서는 유전보다 '노력'이 훨씬 더 중요하다고 저는 확신합니다. 대학 입시에는 고등 내신과 수능이 반영되며, 고등 내신 시험과 수능 시험에는 변수가 상당히 많아요. 단순히 머리가 좋고 공부를 잘한다고 해서 잘 보는 시험이 아니라는 얘기인 거죠. 주어진 시간 내에 빠르게 풀 줄 알아야 하고, 실수가 없어야 하며, 주어진 기간 동안 많은 과목을 동시에 공부하기 위한 '공부 계획'도 잘 세울 줄 알아야 합니다. 이러한 능력은 유전의 영역이 아닌 노력의 영역입니다. 노력하지 않으면, 아무리 머리가 좋아도 좋은 성적을 얻기 힘듭니다. 특히 예전에는 고등 내신 성적만으로 대학을 가는 경우가 많았지만, 요즘에는 '학교 생활기록부'가 대학 입시에 반영되는 학교가 정말 많습니다. 생활기록부는 누가 얼마나 학교 활동에 열심히 참여했는지, 누가 얼마나 성실하고 적극적인 태도를 보였는지 판단할 수 있는 자료이며, 이러한 성실성과 적극성은 노력하지 않으면 좋은 평가를 받을 수 없습니다. '유전'보다 '노력'이 더욱더 중요한 이유입니다.

노력의 힘을 믿고 우리 아이들에게 '수학적 머리', '공부 머리'라는 말을 함부로 사용하지 않길 바랍니다. 그래야만 '공부 머리'가 중요하다는 말에 흔들리지 않고, '될놈될'이라는 말에 좌절하지 않고, 아이가 학업적 성과를 조금이라도 더 내서 원하는 목표를 이룰 수 있게끔 도울 수 있습니다. 섣불리 포기하지 말고, 끝까지 아이를 지지하고 응원해주세요. 만약 아이가 공부에 어려움을 겪고 있다면, '공부 머리'라는 용어를 떠올리며 좌절하지 말고, 어려움의 원인을 발견하고 해결책을 찾는 것에 집중해주세요. 이러한 태도가 아이의 초중고 생활에 더욱 현실적인 도움을 줄 수 있을 것입니다.

2-4

의대에 가려면 수학, 과학이 가장 중요하다는 믿음

"의대에 가려면 어떤 과목이 가장 중요한가요?"

아무래도 제가 의대생이기에 위와 같은 질문을 학부모들로부터 많이 받습니다. 의대는 기본적으로 이과 계열이고, 이과 계열 입시에서 수학과 과학은 당연히 중요합니다. 대학 입시를 놓고 본다면, 의대에 가고 싶은 학생 중 수학과 과학을 잘하는 학생들은 셀 수 없이 많을 겁니다. 여기서 잘 생각해봐야 합니다. 대학 입학 사정관의 입장에서 수학, 과학 점수가 1점 더 높다고 해서 더 매력적인 학생처럼 보일까요? 의대에 가기 위해 수학, 과학에서 좋은 성적을 받는 건 어디까지나 기본일 뿐, 그것만 가지고는 결코 차별성을 확보할 수 없습니다.

중요한 건 의대뿐만 아니라 어떤 과를 가든 '전과목'을 다 잘해야 한다는 것입니다. 수학교육과라고 해서 수학 성적만 보는 것이 아니고, 영어교육과라고 해서 영어 성적만 보는 것이 아닙니다. 전과목 성적이 내신 시험에 포함되며, 이는 좋아하는 과목 위주가 아닌 전과목을 다 챙겨야 하는 까닭이지요. 더구나 요즘 입시는 내신 성적만 높다고 해서 끝나는 게 아니라 '생활기록부'도 반영됩니다. 학교에서의 활동들이 생활기록부에 기록되는 만큼 더 적극적으로 학교 활동에 참여하고, 싫어하는 과목의 발표, 토론, 프로젝트 역시 열심히 수행해야 한다는 뜻입니다. 그리고 그런 학생들이 당연히 더 좋은 평가를 받을 수밖에 없고요.

면접을 보는 대학교도 많습니다. 면접을 위해서는 논리를 바탕으로 한 언어 능력도 중요합니다. 경우에 따라 학교 시험뿐만 아니라 수능에 대한 대비까지도 탄탄하게 되어 있어야 하죠. 결국 의대에 가고 싶다고 해서 수학, 과학만 잘하면 된다는 믿음은 잘못된 믿음이라 볼 수 있습니다. 대부분의 학과는 모든 과목에 대한 성적을 반영하기에, 전과목에 대한 종합적인 케어는 더욱 중요합니다. 생활기록부, 면접, 수능 성적 등의 요소 가운데 초등 시기에 대비해둘 수 있는 건 '중고등 시기를 위한 탄탄한 과목별 공부와 올바른 공부 습관 형성'입니다. 초등 단원평가 성적 자체는 중고등 시기에 절대적으로 중요하다고 볼 수 없지만, 초등 때 확실히 잡아둔 공부 태도와 습관들은 중고등 때 비로소 빛을 발하게 됩니다. 이를 잘 기억하시고, 아이를 올바른 방향으로 이끌어주길 바랍니다.

2-5

10대의 최종 목표가 대학 입시라는 믿음

초등학교 3학년만 되더라도 사회와 과학이 시작되고, 고학년으로 갈수록 해야 할 공부가 많아집니다. 중학교, 고등학교에 진학하면서부터는 본격적으로 공부가 '1순위'가 되죠. 그러다 보니 학부모님들은 최종 목표를 '좋은 성적을 받아 아이의 대학 입시를 성공적으로 마치는 것'으로 상정해 버리기도 합니다. 그러나 그보다 중요한 것은 아이를 '하나의 건강한 인격체로 성장시키는 것'입니다. 그 수단 중 하나가 공부일 뿐인 거죠. 당연히 공부를 안 할 수는 없는 상황이고, 현실적으로 공부가 1순위가 되는 걸 막을 수는 없습니다. 다만 아이의 정서를 등한시하고 공부에만 초점을 맞추는 오류를 범해서는 안 된다는 것입니다.

최근 중3 남자아이를 둔 어머님과 상담을 진행했습니다. 아이는 초등학생 때부터 수학과 과학을 좋아하는 모습을 보였고, 어머님은 아이를 과학고 쪽으로 보낼 생각에 초4 때부터 선행을 많이 시키기 시작했습니다. 그러다 아이가 6학년이 되었을 때 고등 선행을 해나가기 시작했고, 어려움과 숙제 등으로 아이가 힘들어하기 시작했습니다. 그때 어머님은 아이와의 대화를 통해 해결책을 제시하지 않고, 그저 '해야 하니까 하라는 식'으로 강하게 얘기했습니다. 그렇게 아이는 계속 참으며 선행을 하게 되었고, 결국 중3이 된 시점에 앞으로는 수학, 과학 공부를 아예 안 하겠다고 선언하게 됩니다. 이미 공부 정서가 많이 상해 회복하기 어려운 상태가 되어버린 것이죠.

이렇듯 아이와의 관계를 뒷전으로 미룬 채 공부에만 초점을 맞추게 되면 높은 확률로 부정적인 결과를 마주하게 됩니다. 공부법, 공부 수단은 시중에 충분히 많이 나와 있습니다. 결국, 중고등 6년을 잘 보내고 좋은 성과까지 거두게 하기 위해서는 아이의 건강한 마음을 먼저 지켜주는 것이 중요합니다. 아이의 건강한 마음은 부모와의 '좋은 관계'에서 비롯됩니다. 아이가 중학생이 되면 부모님은 아이를 공부의 관점으로 바라보기 마련이며, 그렇게 되면 잔소리가 늘고 항상 공부 이야기만 꺼내게 됩니다. 10대의 최종 목표를 '입시'에 두지 말고, '건강한 인격체'에 두세요. 공부를 열심히 할 수 있는 환경을 만들어주되, 아이와 공부 이외의 주제로도 대화를 나누고 정서적으로 힘든 부분은 없는지 확인해주길 바랍니다. 부모님의 노력 없이 아이 혼자 이것들을 형성해 나갈 수는 없으니까요.

잊지 마세요. 초점은 늘 '우리 아이'에게 있어야 합니다. 말은 쉽다는 것을 저 역시 알고 있습니다. 공부에 관한 결정을 내릴 때 주변의 이런저런 얘기들이 신경 쓰이는 것도 알고 있고요. 의식적으로 아이를 바라보고 또 소통하며 아이에게 맞는 공부가 무엇인지 고민할 때, 부모의 진정한 역할을 비로소 수행할 수 있게 됩니다.

2-6

초등 때는 무조건 놀아도 된다는 믿음

"공부는 중학교 올라가서 시작하면 되니 초등 때는 마음껏 놀아도 상관없지 않나요?"

상담을 하다 보면 종종 이런 질문을 받기도 하는데요. 학부모님이 초등학교에 다니던 그때 그 시절에는 가능했을지도 모르겠습니다. 지금처럼 성적이나 공부에 열을 올리던 시절이 아니었을 테고, '초등학생은 놀아도 되는' 분위기였을 테니까요. 그러나 이는 과거일 뿐, 현재의 모습과 분위기는 조금 다릅니다. 초등 때 반드시 공부를 열심히 해야만 중등 공부를 잘할 수 있는 건 아닙니다. 초등과 중등 수준의 차이가 아주 큰 것은 아니기에 노력으로 얼마든 극복할 수 있다는 것이죠. 중요한 건 여전히 고등학교는 내신과 수능 모두 '상대평가' 제도라는 점입니다.

상대평가 제도라는 건 결국 '다른 학생들과 경쟁'을 해야 한다는 의미이며, 다른 학생들보다 앞서나가지는 못한다고 해도 뒤처져서는 안 된다는 의미이기도 합니다. 뒤처진 상태로 출발한다면 앞선 이들을 따라잡기가 두 배, 세 배 힘들어질 게 뻔하기 때문이죠. 저 역시 초등 때부터 사교육을 조장하고 '공부'만을 외치고 싶지는 않습니다. 마음껏 놀게 해주고 싶습니다. 그러나 지금의 우리나라 교육 현실은 그렇지가 않습니다. 잠재적 경쟁자들은 이미 초등 때부터 기본기를 탄탄히 다지고, 심화 공부를 하고, 선행을 지속합니다. 그뿐만 아니라 자기 주도적 학습의 발판이 되는 플래너, 복습 등의 공부 습관도 만들어나가고 있습니다.

이런 상황에서 학부모님들은 자신의 초등 시절을 기준으로 아이를 자유롭게 내버려 둔다면 과연 아이에게 이로울까요? 그렇다고 공부를 과하게 시키라는 뜻은 결코 아닙니다. 주말에는 아이를 데리고 캠핑도 가고, 같이 운동도 하고, 예체능을 배우게 해주셔도 좋습니다. 공부를 아예 놓지만 않으면 된다는 거죠. 가령 학교에서 단원평가를 본다고 하면, 최소한 그 시험만큼은 아이가 대비할 수 있게끔 옆에서 도와주라는 얘기입니다. 선행, 심화까지는 아니더라도

'학습 공백'이 생기지 않도록 과목별 현행에 대한 기본기를 탄탄히 다지게 해주었으면 하는 바람입니다.

"우리 아이는 학원 안 보내고 놀게 해요."

이렇게 말하는 주변 학부모들도 있을 겁니다. 그러나 그 집을 자세히 들여다보면 집에서 엄마표, 과외, 인강 패드 학습 등으로 공부를 열심히 시키는 경우가 대부분입니다. 드물게는 아이의 머리가 이미 너무 좋아서 따로 공부를 시키지 않는 경우도 있습니다. 그러면서 '학원 안 다니고 그냥 놀게 한다'는 식으로 얘기하는 거죠. 분명한 건, 대부분의 초등 아이들은 해야 할 공부만큼은 누구나 다 소화해내고 있습니다. 초등 때는 놀아도 된다는 주제로 초등 어머님과 아버님이 다투기도 하는데요. 결론은 '무조건' 놀게 해서는 안 된다는 겁니다. 해야 할 공부를 제대로 하면서 학습 공백을 없애야 한다는 걸 꼭 기억해 주세요.

공부보다 중요한 건 공부 습관의 형성입니다. 플래너, 복습과 같은 공부 습관을 '초등학교 때는 필요 없다'는 이유로 전혀 하지 않다가, 중학생이 되었을 때 갑자기 시킨다면 아이가 잘 따라 할 수 있을까요? 하나의 습관이 쌓이기까지는 꽤 오랜 시간이 걸립니다. 그리고 그 어떤 습관도 '0'에서 바로 '100'이 될 수는 없습니다. 초등 공부가 중고등 공부보다 중요하지 않은 것은 사실이나, 그 때문에 아이의 공부 습관까지 간과해서는 안 된다는 거예요.

중학생만 되더라도 해야 할 공부가 급격히 많아집니다. 새로운 습관 하나를 만들고, 그것에 익숙해지는 게 말처럼 쉽지가 않습니다. 실제로 중고등 때 자기 주도적으로 공부하는 아이들은 초등 때부터 그 습관을 조금씩 쌓아온 아이들입니다. 그러니 초등 때 공부를 조금 덜 시키더라도 공부 습관만큼은 꼭 부모님이 나서서 잘 잡아주길 바랍니다.

2-7

공부가 재미있어야 좋은 성적을 받을 거라는 믿음

"우리 아이는 공부를 싫어해요. 별 흥미를 못 느끼는 것 같아요. 공부를 재미있어해야 더 잘할 수 있을 텐데…"

이런 걱정을 하는 학부모도 있을 겁니다. 그러나, 공부는 원래 재미가 없습니다. 명문대에 진학한 학생들의 인터뷰에는 '공부가 재미있었다', '공부가 가장 쉬웠다', '새로운 것을 알아가는 즐거움이 컸다' 등의 내용이 많이 있습니다. 그런 글을 접하면 '공부를 잘하는 사람은 공부에 흥미를 느끼는구나', '나는 왜 공부가 재미없을까?', '공부와는 인연이 없는 걸까?' 하며 실망하고 자책하게 됩니다. 그러나 이는 명백한 착각입니다. 이번 책을 집필하면서 100명이 넘는 의대생과 접촉했습니다. 모두 약속이라도 한 것처럼 공부가 재미없다고 말하더군요. 저도 마찬가지입니다. 물론, 좋아하는 과목의 공부는 재미있을 수도 있습니다. 그러나 모든 과목을 다 좋아하기란 어렵고, 단순히 재미있어서 공부를 지속하는 것은 정말이지 쉽지 않습니다.

그렇습니다. 공부는 재미가 없습니다. 대한민국의 중고등학생들이 그토록 치열하게 공부를 하는 것도 그저 '해야 하니까' 하는 것일 뿐입니다. 가령 직장인이 오늘 기분이 안 좋다는 이유로 출근을 안 해도 될까요? 일하기 싫다는 이유로 일을 안 해도 될까요? 직장인은 일이 재미있어서 하는 게 아니라, 그저 '현실'과 직장인이라는 '포지션' 때문에 별다른 이유를 붙이지 않고 일하며 살아갈 뿐입니다. 다시 말해, 사사로운 감정이나 기분의 변화에 따라 좌우되는 '선택의 영역'이 아니라는 것입니다.

학생들도 다르지 않습니다. 그들의 직업은 '학생'이죠. 공부는 학생의 역할이자 매우 중요한 임무입니다. 하기 싫다고 해서 안 할 수 있는 게 아니라, 무릇 학생이라면 누구나 해야 하는 것이 바로 공부입니다. 재미로 하는 게 아니라는 뜻입니다. 직장인들은 일하는 '목적'이 분명하면 일에 대한 스트레스를 조금이나마 덜 수 있습니다. 가령 퇴근 후 사랑하는 가족들을 볼 생각, 돈을 모아 쾌적한 집으로 이사할 생각, 삶의 여러 현상을 유지해가며 느끼는 안정감 등이 일의 목적이 될 수 있겠죠. 다양한 목적들이 모여 직장 생활을 지속할 지구력을 끊임없이 생성해내는 겁니다. 공부라고 다를 게 없어요. 누구에게나 공부는 '재미없고 하기 싫은 행위'입니다. 그러나 그 목적만 분명히 한다면, 포기하지 않고 원하는 목표를 향해 나아갈 수 있습니다.

아이가 공부에 흥미를 느끼지 못하고 재미없어해도 더는 걱정할 필요가 없습니다. 이는 너무나 당연하고 자연스러운 현상이기 때문입니다. 초등 아이가 공부를 재미없어하는 걸 공부 능력 부족으로 여기거나, 성적이 오를 희망이 없다는 등의 절망적 의미로 여겨서는 안 된다는 거예요. 차라리 '공부는 원래 재미없고, 직업이 학생이니 하기 싫어도 매일 조금씩 해나가야 하는 것'이라는 인식을 심어주세요. 이 사실을 현실적으로 설명해주는 게 더 효과적이며 이를 빠르게 받아들인 아이들은 중고등 6년을 보내면서도 '공부의 목적'에 의문을 갖지 않고, 이 믿음 하나로 힘든 시기를 버텨낼 수 있을 겁니다.

2-8

사춘기가 와도 공부하는 아이들은 원래 머리가 좋을 거라는 믿음

아이의 사춘기를 걱정하지 않는 초등 학부모는 아마 거의 없을 것입니다. 사춘기에 접어들면서 달라질 부모와의 관계도 문제지만, 공부가 중요해지는 중고등 시기에 아예 공부를 놓아버리는 것은 아닐지 우려하게 되는 것이죠. 사춘기가 온 학생들은 크게 두 부류로 나뉩니다. 사춘기여도 공부를 열심히 하는 부류, 사춘기를 기점으로 공부를 소홀히 하는 부류로 말이죠. 이 두 부류의 차이점에 대해 초등 학부모에게 질문하면, "공부 머리의 유무겠지요"라고 답하기도 합니다. 공부 머리가 있는 아이들은 사춘기와는 별개로 계속 공부를 이어갈 거라는 생각인데요. 그러나, 이는 틀렸습니다.

이 두 부류의 차이는 다름 아닌 '공부 습관'입니다. 초등 시기에 공부 습관을 잘 형성한 아이들은 사춘기가 와도 감정이 공부를 방해하지 못합니다. 이미 그 습관을 바탕으로 공부에 관성이 생겼기 때문에, 감정 상태가 어떻든 공부는 '당연히 해야 하는 것'으로 인식하는 것입니다. 그런 아이들은 아무리 부모님과 크게 싸웠더라도 숙제를 빼먹지 않고, 시험공부도 열심히 합니다. 감정적인 변화가 늘면서 종종 공부하기 싫다는 생각이 들어도 어느새 책상 앞에 앉게 됩니다. 복습, 플래너와 같은 공부 습관이 잘 잡힌 아이들인 거죠.

그러나 초등 때 공부 습관을 제대로 형성하지 않은 아이들은 사춘기가 오면 공부를 소홀히 하게 되는 경우가 많아요. 공부 습관이 몸에 배어 있지 않으면, 사춘기가 불러일으키는 감정이 공부를 지배하게 되지요. 공부를 '당연히 해야 하는 것'으로 인식하지 않고, 감정에 따라서 '하기 싫으면 안 해도 되는 것'으로 간주해 버리며 그만큼 공부에 소홀해지기 쉽습니다. 이미 사춘기가 와버린 아이들의 공부 습관을 뒤늦게 잡아주려 해봐야 말 자체를 잘 듣지 않을뿐더러, 말을 듣는다고 해도 그걸 몸에 익히려면 많은 시간이 필요해요. 초등 시기의 '습관 형성'을 제가 늘 강조하는 이유입니다. 이는 초등 단원평가를 위해서가 아니에요. 공부 습관이 안 잡혀 있어도 초등 단원평가는 난이도 자체가 높지 않기에 비교적 잘 볼 수 있답니다.

초등 시기에 확립한 올바른 공부 습관은 사춘기에 그 효과를 톡톡히 발휘합니다. 아무리 감정적으로 변동이 많은 사춘기라도, 감정이 공부를 방해하지 못할 만큼의 탄탄한 공부 습관만 형성되어 있다면 큰 걱정을 하지 않아도 된다는 뜻입니다. 보통은 중2~중3, 빠르면 초등학교 5학년 때도 사춘기가 찾아오는 아이들이 있습니다. 귀엽고 말도 잘 듣던 아이는 사춘기가 찾아오는 순간 180도 변하게 됩니다. 말만 해도 짜증을 내고, 자주 욱하는 모습을 보입니다. 이러한 모습을 보게 될 때, 대부분의 부모는 화보다는 서운한 마음이 먼저 듭니다. 아이의 예전 모습을 더는 보지 못할 거라는 현실에서 오는 서운함일 테지요.

더 큰 문제는 '아이의 사춘기와 부모님의 갱년기가 충돌할 때' 발생합니다. 결국, 이것의 해결 방법은 둘 중 하나입니다. 부모님이 미리 아이의 사춘기에 대해 공부하든, 아니면 아이가 미리 부모님의 갱년기에 대해 공부하는 것입니다. 현실적으로 초등 아이가 부모님의 갱년기를 온전히 이해하는 건 불가능하지요. 그러니 부모님이 미리 사춘기에 대한 대비를 해주시는 것이 훨씬 바람직하다고 볼 수 있겠습니다. 《사춘기 아들의 마음을 잡아주는, 부모의 말 공부(이은경)》, 《사춘기 딸에게 힘이 되어주는, 부모의 말 공부(이현정)》를 시간이 될 때 꼭 읽어보길 권합니다. 더불어 《10대 놀라운 뇌 불안한 뇌 아픈 뇌(김붕년)》, 《아들의 사춘기가 두려운 엄마들에게(이진혁)》,

《사춘기 마음을 통역해 드립니다(김현수)》 등도 사춘기와 관련된 유익한 책입니다.

그리고 초등 아이들과 사춘기, 갱년기를 주제로 함께 얘기를 나눠 볼 수 있는 책도 있습니다. 제성은 작가의 《사춘기 대 갱년기》, 《사춘기 대 아빠 갱년기》, 《아들 사춘기 대 갱년기》가 그 대표적 예이며 부모님은 아이들의 사춘기를, 아이들은 부모님의 갱년기를 이해해볼 수 있는 책이기에 한 번쯤은 아이와 함께 읽어보시길 추천합니다.

사실 요즘은 유튜브만 검색해 봐도 사춘기와 관련된 다양한 영상들을 접할 수 있습니다. 이러한 사춘기 관련 책과 영상을 통해 사춘기의 아이들이 어떠한 특징을 보이고, 어떤 말이 필요하며, 어떤 말과 행동을 피해야 하는지 부모님이 먼저 알아두는 건 어떨까요? 공부보다 중요한 '아이의 정서'와 '아이와의 관계'를 망쳐서는 안 되니까요.

2-9

편독은 잘못된 것이라는 믿음

아이의 '편독'을 걱정하시는 초등 학부모님들이 많습니다. 편독은 말 그대로 한쪽 분야에 치우친 독서를 의미하죠. 아이가 좋아하는 분야의 책이 있다면, 싫어하는 분야의 책도 있을 겁니다. 동화책을 좋아하는 아이가 동화책만 읽는다거나, 만화책을 좋아하는 아이가 만화책만 읽는다면 신경이 쓰일 수도 있습니다. 그러나 편독은 지극히 자연스러운 현상입니다. 어른들, 그러니까 여러분들은 모든 분야의 책을 '다' 좋아하시나요? 아마 그렇지 않을 겁니다. 유독 소설책을 좋아하는 사람이 있는가 하면 자녀교육서, 에세이만 찾아 읽는 사람도 있을 테지요. 영화에서도 그렇습니다. 어떤 사람은 스릴러를 좋아하고, 어떤 사람은 멜로를 좋아하고, 어떤 사람은 액션, 어떤 사람은 코미디를 좋아합니다. 이렇듯 어른들도 본인이 유독 더 좋아하는 장르가 있습니다. 우리는 이것을 '취향'이라 부릅니다.

책과 영화에 대한 개인적인 취향을 갖는 것을 잘못되었다고 볼 수 있을까요? 아마 어려울 겁니다. 지극히 자연스러운 현상이라는 거죠. 초등 아이들도 마찬가지입니다. 편독은 그저 '아이들의 취향' 일 뿐, 잘못된 것이 아니라는 얘기입니다. 초등 아이가 벌써 자기만의 도서 취향이 생겼다면, 오히려 기특하지 않나요? 성인이 되기 전에 자신만의 취향을 가지고 있다는 건 칭찬받을 만한 일입니다. 그러니 초등 아이들의 편독을 '자연스러운 현상'으로 받아들여 주세요. 무엇보다 특정 분야에 푹 빠져 책을 읽다 보면 '책'이라는 물성 자체에 흥미를 갖게 되기도 한답니다. 가령 영화를 안 보던 사람이 코미디 영화에 푹 빠지면서, 영화 자체에 대한 관심이 올라가게 되는 것처럼요.

특정 분야의 책만 읽다 보면 다른 분야의 책에 소홀하게 되고, 쌓을 수 있는 지식의 한계가 생길 수는 있습니다. 그렇기에 초등 때는 편독이라는 현상을 인정하고 이해하되, 아이가 좀 더 다양한 분야의 책을 접할 수 있도록 시야를 넓혀주면 됩니다. 초등 저학년이면 잠자리 독서 시간에 아이가 싫어하는 분야의 책을 부모님이 직접 읽어주는 것도 하나의 방법일 수 있습니다. 역사 영화를 싫어하는 사람에게 말로만 보라고 하는 것보다 같이 역사 영화를 보러 가자고 하는 게 더 효과적인 것처럼요. 매주 책을 선정하는 과정에서 '아이가 원하는 책'과 '부모님이 원하는 책'을 번갈아 가며 읽어주어도 좋습니다. 아이가 원하는 책 3권을 읽어줄 때마다 부모님이 원하는 책 1권을 읽어주는 등의 규칙을 정해서요. 만약 아이가 과학 분야의 책을 싫어한다면, 일주일 중 하루 정도를 '과학책 읽는 날'로 정해 독서를 '루틴화'하는 것도 많은 도움이 됩니다. 그리고 독서를 '숙제'처럼 접근해보는 것도 좋습니다. 가령 하루에 '과학책 3쪽 읽기'를 숙제로 정한 후 매일 놓치지 않고 꾸준히 읽을 수 있게끔 해주는 것도 하나의 방법이 될 수 있습니다.

학습만화 같은 경우도 아이가 고학년이 되었다는 이유로 아예 못 읽게 하는 것보다는 조금씩 줄여나가는 것이 바람직합니다. 예컨대 일주일 내내 학습만화를 읽는 아이였다면, '매주 일요일은 학습만화 안 읽는 날'이라는 규칙을 아이와 함께 만드는 겁니다. 이렇게 일주일 중 하루 정도는 학습만화를 읽지 않는 게 습관화된다면, 그다음에는 '매주 주말은 학습만화 안 읽는 날'로 정하는 겁니다. 독서 패턴을 조절하는 가장 지혜로운 방식이 아닐까 생각합니다. 이로써 아이는 다양한 책을 접하게 될 테고, 조금씩 사고를 확장해 나갈 것입니다.

초등 학부모는 절대 마음을 급하게 먹으면 안 됩니다. 과학책을 싫어하는 아이에게 무작정 과학책을 읽게 하는 건, 스릴러 영화만 찾아보는 어른을 앉혀놓고 코미디 영화를 열심히 틀어주는 것과 다름없다는 걸 잊지 마세요. 다양한 분야의 책을 접하게 하는 것의 어려움을 인정하고 또 인지한 상태에서, 조금 느리더라도 아이가 천천히 여러 분야의 책을 섭렵해 나갈 수 있게 이끌어주세요.

2-10

우리 아이는 절대 '수포자'가 안 될 거라는 믿음

'수포자'라는 말을 한 번쯤 들어본 적 있을 거예요. 수학을 포기한 학생을 가리키는 말로, 중고등 시기에 다른 어떤 과목들보다 '수학'을 포기하는 학생들이 점점 더 늘어나고 있는 현상을 반영한 씁쓸한 신조어입니다. 실제로 많은 초등 학부모가 '내 아이는 수포자가 안 될 거라는 믿음'을 가지고 있지만, 중고등 시기에 수학을 포기하고 다른 과목에 집중하는 학생들이 너무나도 많습니다. 그렇다면, 이토록 많은 아이들이 수포자가 되는 이유는 무엇일까요? 이 이유를 바로 알아야 내 아이가 수포자가 되는 것을 막을 수 있습니다.

중고등 때 수학을 포기한 수포자들 중에서 어느 날 갑자기 "저 오늘부터 수학 공부 포기할게요"라고 말하는 사람은 아무도 없습니다. 별안간 포기하게 되는 게 아니라, 서서히 포기하게 되는 것이기에 그렇습니다. 그러니까 하루에 2시간 하던 수학 공부를 1시간 30분으로 줄이고, 1시간으로 줄이고, 또 어떤 날은 아예 건너뛰기도 하면서 수학과 점점 담을 쌓게 되는 것이죠. 이 현상이 몇 주, 몇 개월에 걸쳐 지속되면 수학 성적은 떨어질 수밖에 없고 끝내는 바닥을 치면서, 수학을 '어차피 노력해도 안 되는 과목'으로 결론지어 버립니다. '한순간'이 아니라 '서서히' 몰락하게 되는 것입니다. 아이가 수학 학원에 잘 다니고 있다는 이유만으로 안심하고 넘어갈 문제가 아니라는 얘기입니다.

수포자가 되는 걸 예방하려면 가장 먼저 '아이의 수준에 맞는 수학 공부'가 필요합니다. 아직 개념도 제대로 숙지가 안 되어 있는데 경시대회 대비반, 영재원 대비반을 다니거나 해당 학년에 대한 심화 공부도 제대로 안 되어 있는데 무리하게 선행을 한다면 수학에 흥미를 잃을 수밖에 없습니다. 남들보다 좀 더 앞서나가려고 하다가 오히려 수학과 멀어지게 될 수도 있다는 것이죠. 아직 개념이 잡혀 있지 않다면 심화서가 아닌《우등생 해법 수학》,《EBS 만점왕 수학》 등의 개념서부터 제대로 해야 합니다. 연산 실수가 많다면 선행을 중단하고, 연산을 비롯한 기본기에 더욱 집중할 필요도 있습니다.

다음으로 중요한 것은 '약점 보완'입니다. 초등 수학은 중고등 수학에 비해 덜 중요하다는 이유로 아이의 약점을 무시한 채 맹목적인 선행만 해나가는 경우도 있습니다. 아이가 도형을 어려워한다면 《도형 학습의 기준 플라토》 같은 도형 교재를 활용하거나 교구를 활용하여 도형을 공부할 수 있게 도와주고, 아이가 풀이 과정을 쓰는 걸 어려워한다면 《나 혼자 푼다! 수학 문장제》 같은 서술형 문제집으로 약점을 보완할 수 있게 도와주세요. 연산을 어려워한다면 학원에 다니고 있더라도 시중에 있는 연산 문제집을 매일 꾸준히 풀 수 있게끔 습관을 잡아주는 것이 좋습니다. 약점을 보완하지 않고 넘어가면, 학습 공백은 걷잡을 수 없이 커지게 됩니다.

수학이라는 과목은 엉덩이 힘이 중요한 만큼 '집중력과 인내심'을 빼놓을 수 없습니다. 문제가 안 풀리더라도 한자리에서 끝까지 풀어낼 줄도 알아야 하고, 특히 틀린 문제에 대해서는 여러 번 풀어보면서 온전히 '자신의 것'으로 만드는 복습 과정도 필요합니다. 이를 위해서는 평상시에 엉덩이 힘을 기르는 것이 중요한데요. 딱 5분씩 늘려나가면 됩니다. 가령 공부에 30분만 집중할 수 있었던 아이라면, 타이머로 35분을 잰 후 35분 동안 집중하는 연습을 시켜주면 되는 것이죠. 35분 공부하고 5분 쉬는 패턴을 반복하다가 적응이 되면 40분, 45분, 50분, 55분, 60분으로 점점 늘려나가면 됩니다. 집중력과 인내심은 수학 공부와는 떼려야 뗄 수 없는 관계니까요.

다음으로 중요한 건 '개념 암기 방식'입니다. 초등 때부터 수학을 개념 원리에 대한 이해 없이 개념 암기 위주로만 공부해버리면, 중고등 수학에서 어려움을 겪을 수밖에 없습니다. 수학 개념을 '엄마표 수학'으로 할 때도 반드시 개념의 유도 과정, 원리 위주로 학습을 진행해야 합니다. 만약 부모님이 그 역할을 대신하기 어렵다면, 오개념을 만들거나 개념 암기식으로 아이의 습관을 굳히지 말고 차라리 아이에게 맞는 학원을 찾거나 패드 학습, EBS 무료 인강을 통해 개념의 원리를 일깨워주는 편이 낫습니다. 눈높이에 맞춘 상세한 설명이 아이의 이해를 도울 것입니다. 엄마표 수학을 하는 중에 수학 때문에 아이와 잦은 마찰이 생긴다면, 그때는 사교육의 도움을 받는 것이 오히려 효과적일 수도 있습니다. 이러한 마찰이 아이의 수학 정서에 부정적인 영향을 끼친다면 마다할 이유가 없지요.

이 4가지 방법을 활용하여 '아이의 수준에 맞는 수학 공부'를 진행해 나간다면, 적어도 수학을 포기하는 일은 발생하지 않을 것입니다.

Chapter

3

초등 과목별 공부 로드맵 총정리

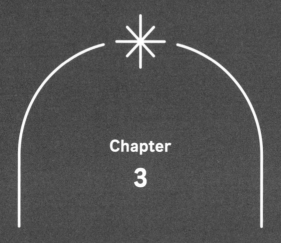

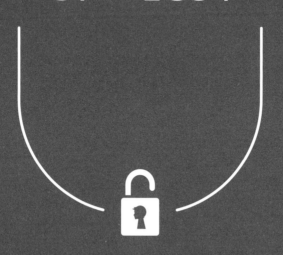

3-1

초등 국어

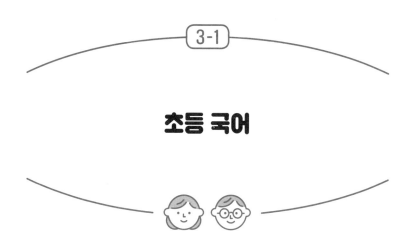

① 초등 국어에서 가장 중요한 것

초등 6년 동안 국어에서 가장 중요한 것은 다름 아닌 '독서'입니다. 중고등 수행평가에서 책을 활용하는 경우가 많은데, 고등학생이 되면 책을 읽을 시간이 없기에 고등학생들은 중학생 때 열심히 읽어두었던 책을 고등 때 활용하는 경우가 많습니다. 이 말은 결국 중등 때까지 고등 수준의 필독서를 읽을 줄 알아야 하고, 그러기 위해서는 초등 때부터 독서를 열심히 해두는 것이 좋다는 뜻입니다. 특히 요즘에 중요시되는 '문해력' 역시 독서를 기본 바탕으로 하기에, 초등 시기 국어에 있어 '독서'는 필수라고 볼 수 있습니다. 이뿐만 아니라 독서는 초등 시기의 기본 상식을 채워주고 올바른 가치관 형성을 도우며, 몰입의 경험 또한 쌓게 해줍니다. 이렇게 다양한 장점들은 초등 국어의 1순위를 '독서'로 올려놓기에 충분하죠.

② 학습만화의 진짜 역할

아이가 학습만화를 읽을 때, 그림 위주로만 대충 보고 정작 중요한 내용은 기억하지 못할까 봐 걱정하는 분들이 많습니다. 저는 초등학생 때 《내일은 실험왕》이라는 학습만화 시리즈를 정말 열심히 읽었습니다. 그러나 중고등 과학 문제를 풀면서 '어! 이거 《내일은 실험왕》 23편에서 나왔던 건데!'라고 말한 적은 단 한 번도 없었습니다. 다만 과학 자체에 흥미를 갖는 데에 큰 도움이 되었죠. 학습만화가 학습적으로 별 도움이 되지 않아도, 그 과목에 대한 흥미를 갖게 하고 진입장벽을 조금이라도 낮춰줄 수 있다면 그 역할을 충분히 수행했다고 여기면 좋겠습니다. 물론, 학습만화를 통해 학습적 도움도 받을 수 있다면 금상첨화겠죠. 그러나 분명한 것은 '학습적 도움'은 학습만화 고유의 역할이 아닙니다. 학습적 도움은 학습만화가 아니더라도 교과서, 선생님의 설명, 문제집 등의 방법을 통해 충분히 얻을 수 있습니다. 그렇다면 과목에 대한 흥미는 어떤가요? 초등 시기에 수학, 과학, 역사 등 특정 과목에 대한 흥미를 주는 건 중요하지만 막상 주변을 둘러보면 학습만화 외엔 그 역할을 해줄 수 있는 게 거의 없다는 걸 알 수 있습니다. 초등 아이들이 어려워하는 과목들의 문턱을 낮춰주고, 자연스레 흥미를 갖도록 해주는 것…. 이 역할 하나만 제대로 수행해준다면 학습만화로서의 기능을 온전히 수행한 것이라고 생각해주세요.

③ 학습만화, 언제까지 읽어야 할까?

학습만화와 관련해서 초등 학부모님에게 가장 많이 받는 질문입니다. 초등 고학년이 되어서도 아이가 학습만화를 원한다면 역사나 과학에 대한 학습만화만큼은 읽게 해주셔도 좋습니다. 초등학교를 졸업할 때까지 말이죠. 역사의 경우 5학년 2학기부터 학교에서 배우게 되는데 과목 특성상 인물, 사건, 흐름에 익숙해지는 것이 중요합니다. 역사 학습만화가 그 역할을 해줍니다. 《설민석의 한국사 대모험》이나 《용선생 만화 한국사》 같은 역사 학습만화를 추천합니다. 과학은 초등 때는 기타 과목 취급을 받으며 국영수에 비해 소외되는 과목입니다. 하지만 중학생이 되면 더욱더 어려워지며, 특히 고등학생이 되면 과학 공부를 하느라 국영수 공부 시간을 빼앗길 정도입니다. 과학 공부 비중이 그만큼 커진다는 것이죠. 초등 시기에 과학에 대한 흥미를 심어주는 것이 중요한 까닭이기도 합니다. 그 역할을 해줄 수 있는 가장 쉽고 확실한 방법 역시 과학 학습만화입니다. 요즘에는 《흔한남매 과학 탐험대》, 《놓지 마 과학!》, 《슈뻘맨의 숨은 과학 찾기》 등과 같은 재밌는 과학 학습만화 시리즈가 많습니다. 아이의 흥미에 따라 선택의 폭이 넓다는 이점이 있죠. 마찬가지로 과학 학습만화도 아이가 원한다면 초등학교를 졸업할 때까지 꾸준히 읽게 해도 좋습니다.

④ 문학책과 지식책의 조화

책은 크게 문학책과 지식책, 이 두 가지로 분류할 수 있습니다. 초등 시기에는 문학책과 지식책의 조화가 무엇보다 중요한데, 만약 아이가 둘 중 하나에 치우쳐 있다면 골고루 읽는 습관을 들여주는 것이 좋습니다. 문학책은 창작을 기반으로 한 시, 소설을 포함하며 중고등 교과서에도 다양한 문학 작품이 나옵니다. 소설의 경우 워낙 분량이 많다 보니 교과서에 전문이 다 실리지는 않는데요. 이렇게 되면 하나의 '완결된 작품'에서 얻을 수 있는 발단-전개-위기-절정-결말의 중요한 요소들, 즉 소설을 작품 자체로 느낄 기회를 놓치게 됩니다. 소설의 이론이나 특징 정도만 겉핥기식으로 배우게 되는 것이죠. 이는 초등 때 문학책을 가까이 둬야 하는 이유이기도 합니다. 지식책도 문학책만큼이나 중요한데요. 문학책이 창작의 세계를 다룬다면 지식책은 사회와 과학, 역사, 인문, 철학, 경제 등의 전문 지식을 다룹니다. 실제로 고등 국어에서 문법을 제외하면 가장 중요한 것이 문학과 비문학입니다. 과학, 경제, 철학 등 전문 지식으로 이루어진 책을 읽고 중고등 때 문제를 풀어야 하는 것이 결국 비문학이며, 문학책과 지식책의 조화가 중요한 까닭이지요.

⑤ 문학책과 지식책 중 더 중요한 것은?

문학책과 지식책, 당연히 둘 다 중요하지만 저는 지식책보다 문학책이 더 중요하다고 생각합니다. 사실 지식책은 '전문 지식을 다루는 글'이기 때문에 꼭 지식책 형태가 아니더라도 대체할 수 있는 것들이 많습니다. 아이가 학교에서 보는 과목별 교과서는 창작이 아닌 사실을 기반으로 한 전문 지식이 들어 있는 '지식책'이고, 아이가 푸는 과목별 문제집 역시 전문 지식이 들어 있는 '지식책'에 해당합니다. 이렇듯 지식책의 역할을 대신해줄 수 있는 것들이 마련되어 있습니다. 하지만 문학책은 어떤가요? 아이들의 상상력을 유발하는, 이를테면 답이 정해져 있는 글이 아니라 계속해서 상황을 떠올리게 만드는 창작 기반의 글을 읽을 기회가 평상시에 얼마나 있나요? 아마 거의 찾아보기 힘들 겁니다. 문학책은 다른 것들이 대체할 수 없는 고유의 성격을 지니고 있어요. 이는 문학책과 지식책의 차이를 극명하게 보여주는 대목이기도 하죠. 초등 저학년 아이가 과학책이나 역사책 같은 '지식책'을 멀리하고, 창작 동화에만 치우쳐 있다고 해도 크게 걱정할 필요가 없다는 얘기입니다.

⑥ 문학책의 4단계 과정

문학책은 4단계로 나눌 수 있습니다. 우선 1단계는 4세~7세, 초등 저학년 때 많이 접하게 되는 '단편 동화'입니다. 이 시기에는 단편 동화를 다독하면서 문학이라는 장르를 처음 접하게 되는데요. 제가 어렸을 때 부모님이 읽어주셨던 책 중《내 이름은 자가주》,《언제까지나 너를 사랑해》는 아직까지 기억에 남아 있습니다. 이 두 권의 책은 아이에게 꼭 읽어주시길 권해요. 1.5단계는 '전래 동화'입니다.《흥부와 놀부》,《효녀 심청》,《토끼와 자라》 등의 전래 동화 역시 단편 동화에 속하지만, 이렇게 1.5단계로 따로 빼둔 이유는 그만큼 절대로 놓치지 말고 꼭 챙겨주셨으면 하는 마음 때문입니다. 전래 동화는 단순한 단편 동화가 아닙니다. 나중에 중고등 국어로까지 이어지는 중요한 작품들이며 특히 고등 내신, 수능에서는《흥부전》,《심청전》,《별주부전》이라는 이름으로 출제되기도 합니다.

2단계는 '중장편 동화'입니다. 초등학교 3학년 전후로는 글밥이 많아지는 책을 접하는 게 좋습니다. 가령 30페이지 분량의 책만 읽어왔다면 이제는 50페이지, 80페이지, 100페이지 분량의 문학책도 접해보는 과정에 접어들게 됩니다. 제가 추천하는 중장편 동화는《고양이 해결사 깜냥》,《만복이네 떡집 시리즈》,《똥볶이 할멈》,《낭만 강아지 봉봉》,《달콤 짭짤 코파츄》 등이 있으니 참고해보시길 바랍니다.

3단계는 '청소년 소설'입니다. 초등학교 5학년~6학년이 되면 어린이를 위한 동화책에서 벗어나 10대를 위한 청소년 소설을 시작하는 게 좋습니다. 이전보다 글밥이 더 많은 150페이지, 200페이지, 250페이지 분량의 청소년 소설을 접하면서 10대로서 공감할 수 있는 이야기들로 문학적 감수성을 더욱 길러 나가는 것이죠. 다양한 종류의 청소년 소설이 있지만 '문학동네', '비룡소', '창비', '자음과 모음', '다산책방', '우리학교' 등의 출판사를 중점으로 읽길 추천합니다. 여기서 출간되는 청소년 소설들은 대부분 내용이 좋습니다.

마지막 4단계는 '한국 근현대 소설'입니다. 중학교 졸업할 때까지도 청소년 소설 수준에 머무르는 학생들도 많지만, 저는 중학교 2학년~3학년이 되면 꼭 한국 근현대 소설을 읽어보라고 권합니다. 고등 국어 문학의 핵심 파트 중 하나가 '현대 소설'이고, 이 파트에서 출제되는 작품이 1900년대를 대표하는 '한국 근현대 소설'이기에 완결된 작품을 미리 중학교 때 읽어두면 작가와 작품, 배경지식에 대한 정보를 미리 쌓아둘 수 있어서 유리하기 때문입니다. 1900년대를 대표하는 작가에는 박완서, 김동인, 김동리, 채만식, 염상섭, 이문열, 이청준, 최인훈, 김유정, 이효석 등이 있으며, 한국 근현대 소설 전집 형태로 접하는 걸 추천합니다. 실제로 저도 중학생 때 한국 근현대 소설에 푹 빠져 다양한 작품을 접했고, 이때의 경험이 고등 국어 문학에의 든든한 배경지식으로서 그 역할을 톡톡히 해주었습니다.

⑦ 한국 근현대 소설과 외국 소설 중 더 중요한 것은?

그렇다면, 앞서 얘기한 '한국 근현대 소설'과 《지킬 박사와 하이드》, 《해저 2만리》 같은 '외국 소설' 중 무엇이 더 중요할까요? 물론 둘 다 읽어보는 게 가장 좋겠지만, 만약 중학생이 되어 시험 준비 때문에 독서 시간이 부족하다면 저는 외국 소설보다는 한국 근현대 소설의 손을 들겠습니다. 일반인들의 교양 수준에서는 위에서 언급한 외국 소설도 중요할 것입니다. 다만, 당장 입시의 관점으로만 본다면 이러한 외국 소설은 고등 국어 시험 범위에서 벗어납니다. 고등 국어 문학의 4가지 파트는 현대시, 현대소설, 고전시가, 고전소설이며, 이는 전부 '한국 문학'에서 시험이 출제됩니다. 외국 소설은 시험 범위에 해당하지 않는다는 것이죠. 그렇기에 둘 중 하나만 선택해야 한다면, 한국 근현대 소설 편에 설 수밖에 없습니다. 더불어 중학생 때 조금이나마 읽어둔다면 고등학생 때 실질적인 도움을 얻을 수 있을 겁니다. 외국 소설은 중학생 때 바쁜 시간을 쪼개어 읽을 만큼 입시에서 중요하지 않아요. 정 읽고 싶다면 초등 고학년 때 접해보는 것은 좋지만 중학생이 된 시점부터는 한국 근현대 소설에 더욱 집중해주었으면 하는 바람입니다.

⑧ 초등 저학년 때부터 문학 분야의 학습만화를 읽는 건 반대합니다

학습만화는 학습적 도움이 되지 않더라도 '해당 과목에 대한 흥미를 유발하고, 진입장벽을 낮춰줄 수만 있다면' 제 역할을 충분히 수행한 거라고 앞서 얘기했는데요. 더불어 초등 저학년 때는 어떤 분야의 학습만화든 괜찮고, 초등 고학년이 되면 '과학/역사 학습만화'만큼은 읽게 해주셔도 된다고 덧붙였죠. 여기에 하나 더 추가할 것이 있습니다. 학습만화 중 '문학 분야를 다루는 학습만화'는 되도록 초등 저학년 아이가 읽지 않게끔 해주셨으면 합니다. 아직 문학책의 수준이 올라오지 않은 상태에서 만화 형태로 문학을 접하게 되면 추후 문학책 글밥을 늘리는 데 걸림돌이 될 수 있어요. 고전 문학을 다루는《흔한 남매 이상한 나라의 고전 읽기》,《설민석의 우리 고전 대모험》 등의 학습만화는 고전 소설에 대한 흥미를 높이고 진입장벽을 낮춘다는 점에서는 좋습니다. 다만, 아직 문학책에 대한 경험이 부족한 상태에서 이러한 학습만화 형태에 익숙해지게 되면 더 긴 호흡의 책으로 넘어갈 때 걸림돌이 되기도 합니다. 무엇보다 앞에서 언급한 문학책의 4단계 과정을 따라가다 보면 자연스럽게 고전 소설 역시 소화해낼 수 있습니다. 그러니 초등 저학년 때는 문학 분야의 학습만화를 최소화하고, 만약 꼭 읽히고 싶다면 문학책의 수준이 '청소년 소설'(3단계)로 올라온 초등 고학년 시점에 고전 입문용으로 활용해보시길 추천합니다.

⑨ 지식책의 4단계 과정

지식책은 4단계로 나눌 수 있습니다. 1단계는 주로 4세~7세 때 많이 읽게 되는 그림책 형태입니다. 역사, 과학, 예술, 인물 등 전문 지식을 기반으로 한 그림책이라고 볼 수 있습니다. 2단계는 학습만화입니다. 학습만화 또한 수학, 과학, 역사 등 사실을 기반으로 한 책이지요. 앞서 언급한 것처럼 학습만화는 학습적 도움이 되지 않더라도 그 과목에 대한 흥미만 줄 수 있으면 충분합니다. 학습만화가 지식책의 '2단계'라면 학습만화에 대한 우려를 조금은 내려놓아도 괜찮겠지요? 아이가 초등 고학년이 되었다는 이유만으로, 학습만화를 중단하고 줄글로 된 두꺼운 지식책을 읽게 하는 부모님들이 많은데요. 이 과정에서 초등 고학년 아이들은 지식책에 흥미를 잃고, '문학책' 쪽으로 치우치는 독서를 하게 됩니다.

이유는 간단합니다. 문학책은 아이가 어렸을 때 읽던 창작 동화부터 어린이 소설, 청소년 소설, 국내 소설, 세계 소설에 이르기까지 언제나 '줄글'의 모습이었고, '글밥'만 점점 많아지는 형태였습니다. 아이들이 문학책을 곧잘 읽는 이유도 여기에 있죠. 그러나 지식책은 다릅니다. 학습만화라는 '만화' 형태의 지식책을 읽다가 갑자기 두꺼운 줄글 형태의 책을 접하게 되면 아이들은 당황하게 되고, 이내 흥미를 잃게 됩니다. 그러다가 초등 고학년이 되고 또래 친구들과의 관계에 신경 쓰게 되면서, '청소년 소설'이라는 문학책 쪽으로 완전히 치우치게 되는 것이죠. 이런 상황에서 지식책은 뒷전일 수밖에요. 이러한 이유로 2단계인 학습만화 이후에 줄글 책으로 곧장 넘어가는 것을 권하지 않습니다.

학습만화와 줄글 책의 연결고리 역할을 하는 '잡지'를 3단계로 두겠습니다. 잡지는 학습만화의 만화적 요소를 충분히 가지고 있으면서도 2쪽~3쪽 분량의 기사 형태로 글이 실려 있기에 중간 역할을 잘 수행해줄 수 있습니다. 제가 여기서 말씀드리는 잡지는 우먼센스나 여성동아와 같은 학부모 대상 잡지가 아닙니다. 아이가 초1~초3이라면 《독서평설 첫걸음》이라는 저학년 대상 잡지를 추천하고, 초3 이상부터는 《시사원정대》, 《초등 독서평설》, 《위즈키즈》 등을 추천합니다. 제 경우에는 초3~초4 때는 《위즈키즈》, 초5부터는 《초등 독서평설》, 중학교에 올라가면서부터는 《중학 독서평설》을 꾸준히 읽었습니다. 특히 시사 잡지는 뉴스와 비슷한 역할을 해주기도 하지요.

시사 상식을 위해 아이에게 뉴스를 보여줄 수도 있겠지만, 어른들이 보는 뉴스 속에는 아이들이 몰라도 되는 자극적인 요소들이 섞여 있다 보니 교육적 측면에서 그리 좋다고 볼 수는 없을 것입니다. 시사 잡지는 매달 일어나는 이슈 가운데서도 초등 아이들이 알아두면 좋을 것들을 위주로 꾸리기 때문에 매우 흥미롭고 유익합니다. 더불어 과학 잡지에는《어린이과학동아》와《과학소년》이 있고, 수학 잡지에는《어린이수학동아》 등이 있습니다. 시사 잡지와 과학 잡지는 그 종류가 다양하고, 도서관에서 과월호를 먼저 읽어볼 수도 있어요. 그렇기에 부모님이 일방적으로 결정하지 말고, 아이에게 다양한 종류의 잡지를 보여준 후 가장 흥미로워하는 잡지를 선택하는 것이 좋습니다. 잡지를 아이의 이름으로 배송받게 하면 아이에게 독서에 대한 책임감을 심어줄 수도 있으니 참고해주세요.

3단계인 잡지에서 4단계인 줄글 책으로 넘어가기 전, 3.5단계로 활용하기 좋은 것이 바로 '신문'입니다. 신문은 잡지와 달리 만화가 없지만, 그렇다고 두꺼운 줄글 책의 형태도 아니기에 잡지와 줄글 책의 중간 역할을 해준다고 볼 수 있습니다. 신문 역시 어른들이 읽는 신문보다는, 초등 아이들을 대상으로 신문 기사와 몇 가지 활동지를 겸하는《아홉 살에 시작하는 똑똑한 초등 신문》,《초등 첫 문해력 신문》,《하루 한 장 초등 경제 신문》 등을 추천합니다. 이 책 말고도 신문을 소재로 한 다양한 책들이 있으니, 잡지와 줄글 책의 중간 단계로 활용하면 되겠습니다. 이렇게 잡지를 지식책의 3단계, 신문을 지식책의 3.5단계로 두면, 지식책에 소홀해지는 걸 방지하면서 좀 더 자연스럽게 4단계인 줄글 책으로 넘어갈 수 있을 것입니다.

⑩ 잠자리 독서와 읽기 독립

아이가 아직 초등 저학년이라면 잠자리 독서는 매우 중요합니다. 제가 지금도 이때의 추억을 더듬어 엄마와 이야기를 나눌 정도니, 정서적으로 매우 긍정적인 역할을 해주었다고 볼 수 있지요. 잠자리 독서는 아이와의 풍부한 대화를 가능하게 해줍니다. 보통 4세~7세까지의 아이는 잠자리 독서를 흥미 있게 잘 따라오는 편이지만, 초등 저학년이 되면 읽기 독립을 조금씩 시작하려 할 것입니다. 부모님이 읽어주는 속도보다 아이가 눈으로 읽는 속도가 빨라지다 보니 잠자리 독서가 점차 불편해지는 것이죠.

그래서 초등 저학년 잠자리 독서를 위한 2가지 팁을 말씀드리고자 하는데요. 첫 번째는 아이가 혼자 읽을 수 있는 수준보다 '1단계~2단계 더 높은 수준의 책'을 활용하는 것입니다. 아이가 혼자서도 읽을 수 있는 수준의 책을 잠자리 독서 때 읽어주면, 읽기 독립을 하기 시작하는 아이들은 집중하지 못하고 눈으로 먼저 읽게 됩니다. 그러나 아이가 혼자 읽을 수 있는 수준보다 약간 더 높은 수준의 책을 읽어주게 될 경우, 눈으로만 읽을 수 있는 수준이 아니기에 부모님의 음성에 더 집중하게 되는 것이죠. 무엇보다 아이가 혼자서는 이해하기 어려운 단어나 맥락을 하나씩 설명해줌으로써 아이의 독서 수준을 더 빠르게 끌어올릴 수 있습니다.

두 번째 팁은 '역할 분담'입니다. 어떤 아이든 역할이 주어지면 그 역할을 잘 해내고 싶어 합니다. 잠자리 독서도 마찬가지입니다. 잠자리 독서라고 해서 부모님이 일방적으로 다 읽어줄 필요는 없다는 뜻입니다. 아이와 역할 분담을 해보세요. 소설책을 읽는다면 여자아이가 여자 주인공 파트를, 부모님이 남자 주인공과 해설 파트를 읽는 등으로 말이죠. 지식책이라면 아이과 한 페이지씩 번갈아 가며 읽어도 좋습니다. 이러한 역할 분담은 잠자리 독서를 더욱 효율적으로 만들어줄 것입니다. 만약 아이가 2명 이상이고 나이대가 비슷하다면 함께 잠자리 독서를 해도 좋지만, 나이대가 다르다면 격일로 번갈아가며 해주시는 게 좋습니다.

6세~7세, 초등 저학년 아이 중에서는 잠자리 독서 시간에 이미 몇 번이나 읽은 책을 다시 가져와 읽어달라고 하는 경우가 있습니다. 부모의 입장에서는 아이에게 다양한 책을 읽히고 싶은데, 하나의 책만 고집하니 답답하고 이해가 되지 않을 때도 있을 겁니다. 그러나 걱정하실 필요는 없습니다. 이 시기에는 '다독'보다 '정독'이 더 중요하기 때문입니다. 여러 권을 겉핥기식으로 읽고 넘어가는 것보다 한 권을 읽더라도 여러 번 반복해서 읽고 그 내용을 온전히 이해하는 것이 더욱 중요하다는 것입니다. 책을 통해 깨달은 내용을 오롯이 자신의 것으로 만드는 경험은 장기적인 관점으로 볼 때 올바른 독서 습관 형성에 매우 이롭습니다. 그러니 다독만을 강조하기보다는 정독의 중요성을 알고, 그것을 토대로 아이를 지도해주시면 되겠습니다.

⑪ 독서 집중력이 부족한 아이

초등 아이들 중에서는 독서 집중력이 부족한 아이들이 많습니다. 잠자리 독서와 학습만화에 익숙해진 아이들이 줄글 책을 혼자 집중해서 읽는다는 건 말처럼 쉽지 않죠. 집중력 부족은 어쩌면 초등 저학년 때 겪는 당연한 과정일지도 모릅니다. 독서 집중력이 부족한 아이를 보며 크게 걱정하지 않아도 된다는 뜻입니다. 다만 이러한 독서 집중력이 공부 집중력으로 이어진다는 걸 염두에 두고, 집중력 향상을 위해 노력할 필요는 있어요. 가장 현실적인 방법은 '5분씩 늘려가기'입니다. 핵심은 '조금씩'이며 처음부터 무리할 필요는 없습니다. 타이머를 하나 구매해 처음에는 딱 10분만 집중해서 책 읽는 연습을 하게끔 해주세요. 10분이 잘 되면 15분으로 늘리고, 15분도 잘 되면 20분, 25분, 30분으로 꾸준히 늘려가면 됩니다.

급진적인 변화를 바라면 문제가 생기기 마련입니다. 아직 초등 아이입니다. 마음의 여유를 가지고 수개월 동안 천천히 연습하다 보면 아이의 독서 집중력이 조금씩 향상되어 간다는 걸 느낄 수 있을 것입니다.

⑫ 이미 독서와 멀어져버린 아이

앞선 글을 통해 독서의 중요성과 독서의 여러 방법을 제시했는데요. 이미 독서 자체와 멀어져 버린 초등 고학년 아이들도 있을 것입니다. 이러한 아이를 둔 학부모님이라면 초등 저학년 때 이러한 방법들을 활용하지 못한 아쉬움과 더불어 독서에 전혀 흥미가 없는 아이가 중고등 국어 시험을 잘 소화할 수 있을지 걱정될 것입니다. 그렇다면, 초등 시기의 독서가 정말 필수일까요? 관점에 따라 그 답은 얼마든 달라질 수 있습니다. 우선, 중고등 국어 시험의 관점에서 독서는 필수가 아니에요. 독서가 문해력에 도움을 주고 국어 시험에 도움을 주지만, 여기에는 늘 '간접적'이라는 말이 따라붙습니다. 100%가 아니라는 뜻입니다.

독서는 간접적으로 문해력에 도움을 주고, 간접적으로 국어 시험에 도움을 줍니다. 그렇기에 독서를 했다고 해서 무조건 중고등 국어 시험을 잘 보는 것은 아니며, 독서를 하지 않았다고 해서 중고등 국어 시험에 결정적인 영향을 미치는 것도 아닙니다. 물론 독서를 통해 기본적인 읽기 실력과 다양한 배경 지식을 갖춘 학생들이 더 유리할 수는 있습니다. '필수'라고 할 수는 없어도 '중요하다'고 볼 수는 있다는 것입니다. 그러니 독서에 흥미가 없는 초등 아이를 보며 중고등 국어 시험까지 걱정할 필요는 없겠지요. 독서를 하지 않은 아이가 중고등 국어 시험을 잘 보기 위해서는 그만큼의 추가적인 국어 공부가 필요할 텐데요. 이때는 독해 문제집을 활용하는 방법이 있습니다. 독서를 통해 접해야 할 다양한 텍스트들을 수많은 독해 문제집 풀이를 통해 채울 수 있다는 거예요. 단, 독해 문제집으로 독서량을 채운다는 건 말처럼 쉽지 않기에 초등 국어 공부의 1순위가 '독서'임에는 변함이 없습니다. 어쨌든, 아이가 독서와 멀어졌다고 하더라도 독해 문제집으로 일정 부분 채울 수는 있으니 너무 좌절하지는 않았으면 좋겠습니다.

중고등 국어 시험의 관점이 아니라 인생 전체의 관점에서 보면 초등 시기 독서는 필수가 맞습니다. 독서를 통해 경험하지 못했던 것들을 간접적으로 경험하고, 고전을 통해 인류의 지혜를 배우며 삶에 필요한 다양한 지식과 교양을 쌓을 수 있죠. 이러한 독서 습관은 초등 때 대부분 형성됩니다. 다시 말해, 우리 인생 전체의 관점에서 독서는 필수이며 아이가 아직 초등학생이라면 앞서 말씀드린 방법들을 최대한 활용해 독서에 흥미를 느끼게끔 해줄 필요가 있습니다. 집에서 책을 안 읽는 아이가 있다면 독서 토론 학원이나 논술 학원을 활용해 강제적으로라도 숙제 차원의 책을 읽히고, 그에 대해 생각하는 시간을 가지게 해주는 것도 하나의 방법이 될 수 있습니다.

⑬ 독서와 독해 문제집의 차이점

요즘에는 유·초등 대상 독해 문제집들도 쉽게 찾아볼 수 있습니다. 그 때문인지 아이가 독서보다 독해 문제집을 좋아하면, 독서를 독해 문제집으로 대체해도 되는지 물어오는 학부모들이 많습니다. 독서와 독해 문제집을 통해 배울 수 있는 능력은 각기 다릅니다. 독서를 통해 아이들은 '국어 감각'을 기릅니다. 다양한 분야의 글을 읽고 접하면서 배경 지식을 쌓다 보면, 문제집에서는 배울 수 없는 '국어 감각'을 기를 수 있게 되는 것이죠. 그러나 실제 중고등 시험에는 시간제한이 있고 그에 따라 빠르게 문제를 풀어야 하는데, 평소처럼 독서를 하듯 모든 문장을 하나하나 읽기에는 시간이 부족합니다. 중요한 문장은 더욱 힘주어 읽고, 불필요한 문장은 빠르게 넘길 줄도 알아야 한다는 것입니다. 우리는 이것을 '독해'라고 부릅니다.

초등 때 가장 중요한 건 독서지만, 독서 수준이 어느 정도 올라온 후 초등 고학년이 되면 독해 문제집을 경험해보는 것도 좋습니다. 독서와 더불어 큰 시너지를 만들어낼 수 있을 것입니다. 다만, 독서를 독해 문제집으로 대체하게 되면 독해 지문처럼 짧은 형태의 글에만 익숙해져 '긴 호흡'의 문제를 소화해내는 능력이 떨어질 수도 있습니다. 그러니 독서를 1순위로 여기되, 독해 문제집은 독서 수준이 어느 정도 올라온 초등 고학년 시점에 '추가'하는 정도로 활용하면 됩니다.

⑭ 많은 초등 아이들의 잘못된 독해 문제집 풀이법

요즘에는 초등 때부터 독해 문제집을 경험하는 학생들이 많은데요. 이러한 초등 아이들이 독해 문제집을 푸는 모습을 보면 한숨이 절로 나오는 경우도 많습니다. 비문학 독해 문제집을 마치 '독서'하듯 푸는 아이들이 대부분이기 때문이죠. 초등학생 때 독해 문제집을 푸는 목적이 무엇인가요? 독서와 독해는 다르기에 독해 원리를 배우기 위해 독해 문제집을 푸는 것입니다. '독해 원리'란 글의 구조를 체계적으로 파악하는 방법, 지문에서 중심 문장과 뒷받침 문장을 구분하는 방법, 지문 속 중요 부분을 효율적으로 표시하는 방법 등을 포함합니다. 그러나 많은 아이들이 독해 문제집의 지문을 읽을 때 아무런 표시도 하지 않고, 또는 전부 다 밑줄을 그으면서 마치 '독서하듯' 한 문장 한 문장 천천히 읽으며 문제를 풉니다. 이렇게 문제를 풀면 독해 원리를 배울 수 없을뿐더러 그저 짧은 글에 대한 독서를 한 것과 다름없습니다. 이렇게 풀 바에는 그 시간에 더 글밥이 많은 줄글 책을 읽는 게 낫다는 거예요.

지금의 초등 아이들은 맹목적으로 독해 문제집을 풀긴 풀지만, 전혀 독해 문제집 풀이의 목적과는 맞지 않는 형태를 띠고 있어 안타깝기만 합니다. 문제를 맞히는 게 중요한 게 아니에요. 이런 식으로 연습하면 초등 때 아무리 많은 양의 독해 문제집을 풀어도 중학생 때 별 도움을 얻지 못합니다. 독해 원리를 배운 게 아니기 때문이죠. 그러니 만약 초등 때 독해 문제집을 풀 거면 '독해 원리'를 확실하게 공부해야 해요. 더 안타까운 건 시중의 초등 비문학 독해 문제집들을 검토해봐도 '독해 원리'를 제대로 다루고 있는 책이 거의 없다는 겁니다. 문제 자체의 퀄리티가 좋은 책들은 많지만, 초등 아이들의 눈높이에 맞게 독해 원리를 하나하나 풀어서 설명하고 근본적인 문해력을 늘리는 데에 도움을 주는 책이 거의 없다는 뜻이죠.

그래서 제가 추천하는 비문학 독해 문제집은 《국풀나라샤 초등 문해력》과 《용선생 추론독해》, 《요약독해의 힘》입니다. 이 세 권의 교재를 추천하는 이유는 우선 초등 아이들의 눈높이에 맞게 '독해 원리'를 꼼꼼하게 잘 풀어두었고, 그걸 적용해볼 수 있는 문제들도 잘 구성되어 있기 때문입니다. 그러니 혹시나 다른 독해 문제집을 풀고 싶더라도 제가 추천드린 문제집으로 독해 원리를 먼저 확실히 익힌 다음, 그 원리를 바탕으로 문제 풀이를 해주시면 좋겠습니다. 그렇게 된다면 초등 때의 독해 문제집 풀이 경험이 중고등 때 많은 도움이 될 것입니다.

⑮ 어휘력과 한자 공부

문해력에 있어 가장 중요한 요소 중 하나는 '어휘력'입니다. 어휘력이 부족하면 독해 자체에 어려움이 생기게 되죠. 탄탄한 어휘력은 초등 국어의 필수 요건이라고 봐도 무방합니다. 실제로 초등 아이들이 활용해볼 만한 다양한 어휘력 교재가 있는데요. 저는 어휘력이 약하다는 이유로 어휘 문제집에만 의존하는 건 그다지 효과적이지 않다고 생각합니다. 여러분은 초등 때 국어 어휘 단어장을 암기하셨나요? 어휘 문제집을 푸셨나요? 그렇지 않을 겁니다. 자연스럽게 독서를 통해 어휘력이 늘어난 것이며, 학교에서 배우는 한자를 통해 근본적인 어휘력이 향상된 것입니다. 어휘 문제집은 어휘력에 있어 그야말로 표면적인 도움만 줍니다. 초등 시기에는 좀 더 근본적인 공부가 필요한데, 그것이 바로 독서와 한자입니다. 특히 국어 어휘의 대부분은 한자로 이루어져 있기에 한자를 배워두면 중고등 때 낯선 단어를 접해도 당황하지 않을 수 있어요. 그 한자를 기반으로 더 빠르고 정확하게 암기할 수도 있고요. 교과서에 나오는 어휘 역시 대부분 한자어이며, 한자에 대한 지식이 많으면 처음 보는 단어라도 쉽게 단어의 뜻을 유추할 수 있습니다.

한자 공부의 스타일은 크게 두 부류로 나뉩니다. 만약 아이가 '시험'이라는 목표가 있어야 열심히 하는 스타일이라면 방과후 교실이나《우공비 일일한자》,《뿌리깊은 초등국어 한자》 등과 같은 한자 급수 교재를 활용해 공부하는 것이 좋고, 아이가 시험에 큰 부담을 느끼거나 해야 할 다른 공부들이 많아 한자에 많은 시간을 투자하지 못하는 상황이라면 어휘력에 필요한 '실용 한자' 위주로 공부하는 것이 좋습니다. 실용 한자 교재로는《초등 국어 한자가 어휘력이다》,《어휘를 정복하는 한자의 힘》 등이 있으며,《이서윤쌤의 초등 한자어휘 일력》,《이은경쌤의 사자성어 속담 일력》과 같은 일력 형태의 교재도 부담 없이 병행해볼 수 있겠습니다.

그리고 어휘 문제집은 단독으로 풀기보다는 일단 한자 공부가 어느 정도 진행된 상황에서, 한자 공부와 병행하는 용도로만 활용하길 권합니다.《초등 문해력 어휘 활용의 힘》,《빠작 초등 국어 어휘×독해》,《뿌리깊은 초등국어 독해력 어휘편》 등의 어휘 문제집을 활용하면 되겠습니다. 아이가 갑자기 단어 뜻을 물어올 때, 익숙한 단어여도 아이의 눈높이에 맞춰 설명해주기가 쉽지 않다는 걸 느낀 분들이 있을 겁니다. 이럴 때는 당황하지 말고, 아이와 국어사전 등을 찾아보며 함께 공부하는 식으로 배움의 다채로움을 알게 해주세요.《보리 국어사전》 같은 사전을 하나 구매해두면 모르는 단어가 나올 때 매우 유용하게 활용할 수 있으며, 어휘력 측면에서도 매우 긍정적인 역할을 해줍니다.

⑯ 일기 쓰기와 악필 교정

저학년 때 바로 글쓰기 교재를 접하면 아이가 어려워할 확률이 높고, 그때 '가교 역할'을 해주는 것이 바로 '매일 일기 쓰기'입니다.

일기 쓰기가 갖는 의미는 생각보다 큽니다. 매일 저녁, 그날 있었던 일들을 돌아보고 크고 작은 기억을 떠올리며 하나하나 기록하는 것이 일기일 텐데요. 하루를 되짚어보며 정서적 감각을 키울 수 있고, 무엇보다 일상을 소재로 한다는 점에서 글쓰기의 진입장벽을 낮출 수 있습니다. 요즘에는 《이서윤쌤의 초등 글쓰기 처방전 일기 쓰기》처럼 일기 쓰기의 노하우를 알려주는 책도 있어서 아이와 함께 얼마든 활용할 수 있습니다. 이러한 일기 쓰기가 실질적인 글쓰기 능력 향상을 '반드시' 보장하지는 않습니다. 그도 그럴 것이 계속해서 다양한 형식, 다양한 주제의 글쓰기를 할 수 있는 게 아니라 매일 비슷한 포맷으로 글쓰기가 진행되기 때문이죠.

결국, 글쓰기 자체의 진입장벽을 낮추고, 매일 글 쓰는 습관을 들이는 데에는 좋지만, 장기적으로 볼 때 글쓰기 실력 자체에는 큰 도움이 안 될 수도 있다는 겁니다. 그러니 매일 일기 쓰기로 글쓰기 습관이 어느 정도 잡혔다면, 그때부터는 일기 쓰기를 중단하고 《어린이를 위한 초등 매일 글쓰기의 힘: 주제일기쓰기》 등의 '일기 쓰기를 매개로 한 글쓰기 책'을 활용하면 되겠습니다. 만약 영어에 친숙한 아이라면《바빠 초등 영어 일기 쓰기》와 같은 영어 일기 쓰기 교재도 좋겠죠.

이렇게 일기를 쓰다 보면 자연스럽게 아이의 글씨체에 눈이 가게 됩니다. 만약 누가 봐도 악필이라면 초등 때 교정에 신경 써야 합니다. 제가 이렇게 얘기하면 어떤 분은 "제가 아는 서울대 교수님은 악필인데도 공부 잘해요"라고 반박하기도 합니다. 당연히 악필이어도 공부 잘할 수 있고, 글을 잘 쓸 수 있겠죠. 그래도 이왕 쓰는 거, 누구나 한눈에 알아볼 수 있게 더 예쁜 글씨체로 쓰는 게 좋지 않을까요? 무엇보다 중고등 시험에서는 서술형 문제가 출제되고 있고, OMR 카드에 서술형 문제 풀이 과정을 빠르고 정확하게 적어야 합니다. 그럴 때는 당연히 악필보다는 글씨체가 바른 학생이 유리하겠지요. 특히 수학 문제를 풀 때, 숫자를 대충 적는 아이들은 자신이 쓴 글자를 잘못 알아보고 문제를 풀다가 틀려버리는 경우가 생길 때도 있고, 학교 선생님이 부분 감점을 시키기도 합니다.

학교 수업 시간에도 선생님이 설명한 내용을 빠르고 정확하게 필기할 줄 알아야 하는데요. 아무래도 바른 글씨체를 가지고 있는 것이 좋겠죠. 그러니 아이가 악필이라면, 방학을 활용해《하유정쌤의 초등 바른 글씨 트레이닝 북》,《초등학생 반듯한 글씨체 만들기》등의 책으로 틈틈이 연습해보길 바랍니다. 물론 악필 교정 교재 한두 권을 푼다고 해서 금방 개선되는 것은 아닙니다. 그러나 길게 보고 꾸준히 연습을 시켜주어야 하는 것은 분명합니다. 때에 따라서는 악필 교정기를 활용할 수도 있는데요. 아직 초등 아이들은 손에 힘이 약하기에 연필의 두께는 두꺼울수록 좋습니다. 연필심도 연한 것보다는 2B, 4B 정도 되는 진한 연필로 연습하는 걸 추천합니다.

⑰ 고전의 중요성과 공부 방법

문학 장르에서 현대시와 현대소설은 요즘 아이들도 공감할 만한 주제를 담고 있거나, 용어 자체가 어렵지 않아 이론만 배우면 중고등 때도 잘 따라갈 수 있습니다. 그러나 고전시가와 고전소설은 조금 다릅니다. 용어 자체도 예전에 쓰던 고전 용어로 되어 있는 경우가 많고, 시대적 배경도 지금과는 다르다 보니 배움에 어려움을 느낍니다. 진입장벽이 높아 보인다는 것이죠. 그러나 초등 때 고전 작품을 읽는 건 정말 중요합니다. 고전이 오래도록 사람들에게 사랑을 받아온 건, 그 작품 속에서 배울 만한 지혜와 교훈이 많음을 뜻합니다. 초등 아이가 올바른 인성을 함양하는 데 매우 큰 역할을 한다는 것이죠.

특히 지금과는 다른 그 시대만의 분위기를 통해 느끼는 경험은 사고력과 표현력 향상에도 많은 도움을 줍니다. 부모님이 말하게 되면 잔소리처럼 느껴질 수 있는 이야기들을 흥미로운 고전 이야기를 통해 간접적으로 배울 수 있다는 장점도 큽니다. 이러한 고전은 크게 고전시가와 고전소설로 나뉘며, 초등 때는 비교적 난도가 낮은 '고전소설'부터 시작하는 게 좋습니다. 그중 《흥부전》, 《심청전》을 비롯한 전래동화와 《행복한 왕자》, 《플랜더스의 개》와 같은 세계 명작동화는 초등 때 놓치지 않고 꼭 읽어보길 권합니다. 초등 시기의 전래동화 및 세계명작동화 읽기는 고전 읽기의 시작점이 될 것입니다.

전집 형태로 접하는 게 가장 좋지만, 만약 처음부터 줄글 형태로 읽는 걸 싫어하거나 어려워한다면 《1일 1독해 우리 고전 50》, 《1일 1독해 하이라이트로 읽는 세계 고전 50》 등의 교재를 활용하여 좀 더 가볍게 고전을 접하면서 흥미를 갖게 해주어도 좋습니다. 그 후 중학생이 되면 《빠작 중학 국어 문학 독해》, 《문학 DNA 깨우기》 시리즈 등의 문제집으로 고전소설을 비롯한 전반적인 '문학' 장르에 대한 문제 풀이를 진행하면 됩니다.

고전시가는 초등 때 따로 접할 필요는 없고, 처음 고전시가를 공부하는 중등 시기에 《만화로 읽는 수능 고전시가》를 활용하길 권합니다. 중고등 때 제게 실제로 많은 도움을 준 교재이기도 하고, 고전시가의 줄거리를 만화 형태로 풀어나가는 동시에 그에 대한 설명도 자세히 되어 있어 입문용으로 아주 좋습니다. 특히 중등 시기는 줄글에 어느 정도 적응한 상태이기에, 고전시가를 공부할 때만큼은 만화적 요소를 넣어주셔도 괜찮습니다.

⑱ 예비 초등 국어 공부

아이가 아직 6세~7세일 때 국어 공부에서 가장 중요한 건 '독서'입니다. 잠자리 독서가 필수인 시기이기에 조금 힘들더라도 매일 밤 30분씩은 꾸준히 책을 읽어주고, 더불어 아이와 함께 책에 대한 얘기를 나누는 시간을 가졌으면 좋겠습니다. 독서 이외에 중요한 건 한글을 확실히 떼고 가는 것입니다. 이에 《1학년 한글 떼기》, 《한 권으로 끝내는 한글 떼기》와 같은 교재를 활용하여 한글을 정확하게 학습해두는 과정이 필요하겠습니다. 그리고 만약 한 권으로 끝내지 않고 좀 더 긴 호흡으로 하루에 정해진 분량을 소화하는 방식을 원한다면, 《하루 한장 한글완성》 시리즈를 활용해보는 것도 좋습니다.

만약 아이가 독서만 하루 종일 할 수 있을 만큼 시간의 여유가 많거나 불안감 때문에 추가적인 예비 초등 국어 공부를 시켜보고 싶다면 《7세 초능력 유아 독해》, 《뿌리깊은 초등국어 독해력 시작단계》와 같은 독해 교재를 활용해보셔도 됩니다. 물론, 이는 필수가 아닙니다. 무언가를 집에서 더 시키고 싶다면, 7세 아이들이 풀 수 있게끔 눈높이를 맞춘 독해 문제집도 있다는 것이죠. 그럼에도 앞서 말한 것처럼 독해 문제집을 하느라 독서 시간을 빼앗기는 일은 없어야 하기에, 1순위는 언제나 '독서'로 생각해주세요.

그리고 독서를 할 때 아이가 관심을 보이는 분야가 있다면, 그 분야에 대해 더 확장된 활동들을 할 수 있게 기회를 마련해주는 것도 좋습니다. 아이가 동물 관련 책을 좋아한다면 아이와 동물원 나들이를 가도 되고, 과학 관련 책을 유독 좋아한다면 과학 체험관에 같이 가도 됩니다. 이러한 독서 연계 체험 활동을 통해 독서가 '재미있고 흥미로운 행위'라는 인식을 심어줄 수 있다면 마다할 이유가 없겠지요.

⑲ 예비 중1 국어 공부

예비 중등 시기에는 우선 중학 국어 문법을 미리 공부해두는 것이 좋습니다. 중학 국어 용어는 낯설고 새로운 것들이 많은 데다가 내용도 생각보다 어려워 학교에서 처음 접하게 된다면 당황할 수 있습니다. 특히 초등 국어 문법과 중등 국어 문법은 연계도가 높기에 중등 입학 전에 《빠작 중학 국어 첫 문법》으로 미리 한 번 정도 개념 정리를 해보는 것을 추천합니다. 초등 5학년~6학년 때 배웠던 국어 문법이 중등과도 연계되는 만큼, 교과서를 다시 넘겨보는 것도 좋은 방법일 수 있습니다. 만약 새로운 문제집으로 복습하고 싶다면 《초등 국어 문법 한 권으로 끝내기》 등의 교재로 고학년 문법 복습을 해봐도 좋습니다. 예비 중등 정도 되면 중등 수준의 문학책, 지식책을 스스로 읽을 줄 알아야 합니다. 1주일에 1권만 읽어도 좋으니, 쪽수가 적은 책 대신 긴 호흡으로 읽을 수 있는 책 읽기를 연습하는 것이 바람직합니다.

예비 중1 겨울방학 때는 초졸 국어 검정고시 문제를 최소 3개년 정도 풀어보는 걸 추천합니다. 초졸 검정고시는 초등 6년 내용 중 '최소한 이 정도는 알아야 한다'는 선에서 출제된 것이고, 한국교육과정평가원 사이트를 통해 무료로 문제지와 답지를 다운로드할 수 있습니다. 초등 6년 동안의 국어 학습 공백을 확인해볼 수 있고, 국어 공부의 방향성을 잡는 데에도 큰 도움을 얻을 수 있습니다. 만약 초졸 검정고시 문제 풀이 후 취약한 부분이 있다고 판단되면, 그 부분을 보완할 수 있는 교재를 겨울방학 때 추가하여 공부 계획을 세워볼 수도 있겠습니다.

더불어 문학과 비문학에 대한 선행을 해보고 싶다면, 제 개인적인 추천은 'EBSi' 사이트에서 무료로 수강 가능한 〈윤혜정의 개념의 나비효과 입문편〉을 수강하거나, 《국풀나라사 중등 문해력》, 《비문학 독해/문학 DNA 깨우기》 교재로 독학해보는 것도 중등 대비에 많은 도움이 될 것입니다.

3-2

초등 수학

① 경시대회와 영재원에 대한 생각

요즘 특히 '경시대회'와 '영재원'에 대한 제 생각을 물어오는 학부모님들이 많습니다. 수학, 과학 과목의 경시대회와 영재원을 주변에서 흔히 접할 수 있는데요. 이 둘의 역할을 정확히 정리해보겠습니다. 먼저 경시대회와 영재원은 '수학을 못하는 아이'를 '수학을 잘하는 아이'로 만들어주지 않습니다. '수학을 싫어하는 아이'가 수학을 좋아하도록 만들어주지도 않고요. 이 둘은 '원래 수학을 좋아하고, 원래 수학을 잘하는 아이'가 수학에 더 빠져들게 만드는 역할을 합니다. 경시대회와 영재원이 '필수'가 아닌 까닭입니다.

비교적 쉬운 '학력평가' 형태의 시험 역시 마찬가지입니다. 수학을 싫어하는 아이들이나 수학을 어려워하는 아이들에게 경시대회, 학력평가, 영재원 준비를 권했다가는 오히려 수학을 더 멀리하게 될지도 모릅니다. 만약 아이가 수학을 싫어한다면, 굳이 경시대회나 영재원을 시킬 필요가 없다는 것입니다. 차라리 그 시간에 교과 및 연산에 대한 탄탄한 학습과 사고력, 심화 문제집 풀이에 집중하는 것이 현실적으로 훨씬 많은 도움이 됩니다. 물론 아이가 수학에 관심을 보이고 수학을 곧잘 한다면, 경시대회나 영재원 준비를 하며 좀 더 밀도 있게 수학에 접근할 수 있고 이는 또한 좋은 경험이 될 것입니다.

만약 아이가 특목고, 자사고 계열을 목표로 하고 있다면, 초등 때 경시대회와 영재원을 경험하게 해주는 걸 추천합니다. 특목고, 자사고에 올 정도의 학생이라면 초등 때부터 수학과 과학을 잘했던 학생들이 대부분인 것이 사실이니까요. 다시 말해 거의 모든 특목고, 자사고 학생들은 초등 때 이미 경시대회와 영재원을 경험합니다. 이 경험이 '절대적으로' 필요한 것은 아니지만 이러한 경험을 한 학생들과 경쟁하려면 마다할 이유는 없겠지요. 만약 일반고가 목표라면 경시대회와 영재원보다는 오히려 기본기를 바탕으로 한 사고력 및 심화 공부에 초점을 맞추어 탄탄한 실력을 쌓는 것이 좋겠습니다.

학력평가나 경시대회의 경우, 수학 단원평가 100점을 받은 것에 안주하고 공부를 열심히 하지 않으려 하는 아이에게 1년에 한두 번 정도는 정기적으로 보게 해주세요. 어려운 시험을 통해 공부에 대한 새로운 동기부여가 생길 테니까요.

② 수학 교과서와 개념 공부

초등 수학에서 개념을 제대로 익히는 건 두 말할 것도 없이 중요한데요. 이 개념을 암기식으로 주입해서는 안 됩니다. 초등 때는 그저 몇몇 개념과 유형만 암기해도 단원평가를 잘 볼 수 있겠지만, 중등 때부터는 개념의 원리에 대한 정확한 이해가 있어야 합니다. 초등 수학은 중등 수학과 연결되는 구조이기에, 이 시기에 개념의 원리를 '제대로' 이해하는 습관을 들이는 것이 좋습니다. 그리고 그 역할을 해주는 것이 바로 '수학 교과서'입니다.

수학 교과서는 개념의 정의만 알려주고 끝나는 게 아니라 그 개념이 생기게 된 이유와 개념의 의미, 유도된 과정 등을 친절하게 설명해줍니다. 하나의 개념에 대한 설명이 2페이지 넘게 기술되어 있을 정도죠. 상세하게 풀어낸 줄글은 개념에 대한 이해를 돕습니다. 아이가 수학 학원에 다닌다는 이유로 수학 교과서의 내용을 소홀하게 되면 그저 개념 암기만 잘하는 아이가 되어버리고 맙니다. 개념의 원리는 전혀 알지 못한 채 말이에요. 물론 수학 학원에서도 개념의 원리와 유도 과정을 자세히 설명해주는 경우가 많지만, 이는 누군가의 설명을 듣는 '청각' 활용에 지나지 않습니다. 아이가 스스로 교과서를 차분히 읽어보는 '시각' 활용이 없다는 것입니다.

수학은 암기 과목이 아닙니다. 만약 수학이 암기 과목이었다면 사회처럼 문과 분야의 과목으로 분류되었을 거예요. 수학은 원리의 이해가 정말 중요합니다. 실제로 수학 시험에서 개념 응용이 필요한 문제들은 결국 단순 암기가 아니라 그 개념이 어떻게 나오게 되었는지, 그 원리를 유도할 줄 알아야 해결이 가능하다는 것입니다. 그러한 측면에서 수학 교과서가 제 기능을 한다는 것이죠. 교과서는 한 번만 읽고 끝내지 말고 예습할 때 1번, 수업을 들으면서 1번, 복습할 때 1번, 이렇게 최소한 3번은 반복적으로 동일한 내용을 보며 학습하는 걸 추천합니다.

다양한 감각을 활용할수록 깊이 있는 공부를 할 수 있어요. 개념 공부의 기본을 '수학 교과서'로 인식해야 하는 가장 큰 이유죠. 특히 매주 주말, 일주일 동안 학교에서 배운 내용을 복습할 때는 수학 교과서를 학교에서 꼭 가져오도록 하세요. 아이가 집에서도 수학 교과서를 읽어보고, 새로이 고민하는 시간을 가질 수 있을 거예요.

③ 수학 사고력 및 심화 공부

개념이나 연산 같은 기본적인 공부도 수학에서 중요하지만, 수학 실력이 본격적으로 쌓이기 시작하는 순간은 다름 아닌 '문제 풀이의 과정'입니다. 몇 시간이 걸리더라도 한 문제를 깊이 있게 파면서 다양한 풀이로 접근할 때 비로소 수학 실력이 향상되는 것이죠. 어려운 문제, 복잡한 문제, 많은 생각이 필요한 문제는 누구나 싫어합니다. 수학을 정말 좋아하는 학생이 아니라면요. 처음에는 다들 힘들어하고 포기하려 할 수도 있습니다. 그러나 하루에 한 문제를 풀더라도, 이 과정 자체가 갖는 의미는 아주 큽니다.

초등 저학년 때는 '사고력', 초등 고학년 때는 '심화' 공부를 하는 것이 좋은데요. 저학년 때는 흥미 위주로 다양한 수학적 풀이를 할 수 있는 '사고력', 초3~초4부터는 교과 내용에 좀 더 초점을 맞추어 고민할 수 있는 '심화'가 도움이 된다는 것입니다. 그렇다면 이러한 사고력, 심화 공부가 단지 초등 수학 단원평가를 대비하기 위함일까요? 초등 수학 단원평가는 시험 난이도 자체가 그리 어렵지 않습니다. 과장을 좀 보태면 사고력, 심화 문제집을 하나도 안 풀고 기본 개념과 연산, 유형별 공부만 해도 잘 풀 수 있습니다. 중학생만 되더라도 수학 외에도 해야 할 공부가 많아집니다. 정해진 시험 준비 기간 안에 많은 공부량을 소화해야 하죠. 한 문제를 오래 붙잡고 있을 시간이 없다는 겁니다. 진정한 수학 실력의 향상은 어려운 한 문제를 두고 오랜 시간 끙끙 대며 다양한 풀이 방법을 이리저리 고민하는 과정에서 이루어집니다. 중학생만 되더라도 이렇게 할 수 있는 시간적 여유가 부족해지기에 그나마 여유가 있는 초등 시기에 어려운 수학 문제를 고민하며 풀어보는 경험을 해서 수학적 사고력을 미리 높여두는 것이 좋습니다. 이는 초등 때의 사고력, 심화 공부를 '굳이' 강조하는 까닭이기도 합니다.

《초등 창의사고력 수학 팩토》, 《필즈수학》, 《영재사고력수학 1031》은 사고력 공부를 할 때 활용해 보시고 《에이급 초등수학》, 《최상위 초등수학》, 《문제 해결의 길잡이 심화》는 심화 공부를 할 때 활용해 보세요. 이러한 사고력, 심화 문제집은 양이 중요하지 않습니다. 한 문제를 풀더라도 끝까지 제대로 풀어보는 경험 자체가 중요하고, 그 경험 속에서 실력이 늘게 됩니다. 하루에 두어 문제만 풀어도 괜찮으니, 수학에 관심 없는 아이도 잘 따라 할 수 있게끔 이끌어주길 바랍니다.

고학년이 되어 수학 학원에 다니게 되더라도 심화 문제집 한 권 정도는 스스로 병행하길 권합니다. 학원 숙제 차원에서 하게 되면 '강제성'과 '루틴'의 측면에서 긍정적인 역할을 하지만, 학생들 가운데 더러는 심화 문제를 잠깐 고민해보다가 안 풀리면 바로 별 표시

후 학원에 가져가 버리는 '의존적 성향'을 보이기 때문입니다. 이렇게 한 문제에 대한 고민 시간이 줄어들면, 심화 문제집을 통해 마땅히 얻어야 할 수학적 사고력이 그만큼 부족해집니다. 스스로 풀 때는 진도가 더는 중요하지 않습니다. 하루에 푸는 문제가 적더라도 아이가 매일 꾸준히 할 수 있게 습관을 잡아주세요.

④ 수학 선행을 둘러싼 오해와 진실

수학 선행에 대해서는 전문가마다 의견이 다르며, 그만큼 한마디로 결론짓기가 어렵습니다. 강연을 듣다 보면 공교육 종사자는 수학 선행을 하지 말라고 얘기하고, 사교육 종사자는 수학 선행을 많이 해두면 해둘수록 좋다고 얘기합니다. 저는 어떠한 이해관계에도 얽혀 있지 않은 입장으로서 초등 학부모들이 갖고 있는 '수학 선행에 대한 3가지 오해와 진실'에 대해 가감 없이 얘기해 보겠습니다.

첫 번째는 '아이가 수학 실력이 부족하고 수학 머리가 없으니, 선행을 통해 남들보다 개념을 먼저 배워두는 게 낫다'는 오해입니다. 중고등 수학 중하위권 학생들이 시험에서 단순 개념 암기로 풀 수 있는 문제를 틀릴까요? 개념 문제는 누구나 잘 풀 수 있습니다. 중하위권 학생들의 발목을 잡는 건 개념을 '응용해서 풀어야 하는 문제'라는 거죠. 응용할 줄 아는 능력이 부족해서 자꾸만 틀리게 되는 겁니다. 결국, 수학 실력이 부족한 학생들은 수학 실력을 올리는 데에 온 힘을 다해야 해요. 그렇다면 수학 개념을 남들보다 미리 배우는 게 수학 실력을 올리는 것일까요? 개념을 미리 배우는 건 말 그대로 남들보다 먼저 개념을 접하는 것일 뿐 그 이상의, 그 이하의 의미도 갖지 못합니다. 수학 선행은 근본적인 수학 실력을 올려주는 역할을 하지 않아요. 그러니 내 아이가 수학적 실력이 부족하면, 초등 시기에는 근본적인 수학 실력을 올리는 데에 집중해야 합니다. 그 역할을 해주는 것이 현행에 대한 개념, 연산, 심화에 집중하는 것입니다. 일단 현행부터 제대로 해나가면서, 심화 문제집을 소화할 만큼의 깊이 있는 공부를 이어가야 합니다.

두 번째는 '중고등 수학 시험을 잘 보는 학생 대부분이 수학 선행을 하고 왔으니, 우리 아이도 시켜야겠다'는 오해입니다. 개념을 먼저 배웠다고 해서 수학 시험을 잘 볼 수 있을까요? 위에서 언급한 것처럼 수학 시험에서 성적의 차이가 생기는 건 단순 개념을 알고 모르고의 차이가 아닙니다. 개념 응용 문제를 누가 얼마나 더 잘 풀어내느냐의 차이인 거죠. 중고등 수학 시험을 잘 보는 학생들은 선행까지 하고 올 정도로 '수학적 실력'이 있는 학생들입니다. 선행의 유무로 성적의 차이가 생기는 게 아니라, 수학 실력의 차이가 성적의 차이를 만들어내는 것입니다. 요즘은 특히 수학 선행이 강조되다 보니, 다른 과목들은 신경 쓰지 않고 오로지 초중등 시기에 수학 진도 빼기에만 급급한 학생, 학부모님들이 많아요. 중고등 전교권인 학생들만 보더라도 다른 과목을 내팽개치고 수학 선행에만 매진한 학생은 아무도 없습니다. 이미 국어나 영어도 탄탄하게 공부해두고, 현행에 대한 수학 선행도 잘 해둔 상태에서 수학 선행까지도 하고 온 아이들이라는 거예요.

세 번째는 '초중등 때 다른 과목 공부할 시간에 수학 선행을 많이 나가두면, 고등 때 수학 공부할 시간을 아껴 다른 주요 과목에 투자할 수 있을 것'이라는 오해입니다. 제가 확실히 말씀드릴 수 있는 건, 수학이라는 과목에는 '끝'이 없습니다. 중학생 때 고1 수학 개념을 미리 공부해두면 고등학교 1학년이 되었을 때 수학 개념 공부를 다시 안 해도 될까요? 수학 공부할 시간을 아껴서 다른 과목에 투자할 수 있을까요? 천만에요. 수학은 주요 과목인 만큼 아무리 많은 내용을 선행했더라도 막상 해당 학년이 되면 다른 학생들과 똑같이 많은 시간을 투자해야 합니다. 즉, 원래 수학 선행의 목적 중 하나인 '수학 개념을 미리 공부해두고, 이후에 해당 학년이 되면 수학 공부할 시간을 아껴 다른 과목에 투자하겠다'라는 목적은 사실상 달성하기 어렵다는 겁니다. 만약 초중등 때 국어, 영어를 기본기만 해두고 대부분의 시간을 수학 선행에 투자한다면 막상 고등학생이 되었을 때 수학은 수학대로 해야 할 공부가 많을 테고, 수학 공부하느라 소홀했던 과목도 시간이 부족해 못하는 지경에 이를 것입니다. 수학, 국어, 영어 모두 성적이 나오지 않는 난관에 직면하는 거죠.

⑤ 수학 선행을 하기 위한 3가지 조건

수학 선행에 대한 3가지 오해와 진실에 대해 함께 살펴보았는데요. 그렇다면 초중등 시기에 수학 선행은 '절대로' 하면 안 되는 것일까요? 저는 수학 선행을 하지 말라고 이야기한 적이 없습니다. 단, 수학 선행을 하기 전에는 최소한 이 3가지 조건이 갖춰져 있어야 합니다.

첫째, 이미 초등학교 또는 중학교 수학 시험에서 100점은 확실히 나와야 합니다. 선행을 하기 위해서는 현행에 대한 최고의 점수가 나와야 하는 것은 당연합니다. 어쩌다 한두 개 정도 실수로 틀릴 수는 있겠지만, 기본적으로 100점을 받을 수 있을 만한 실력을 갖추고 있어야 한다는 거죠. 그래야 탄탄한 현행을 바탕으로 선행까지도 원활하게 진행해나갈 수 있습니다.

둘째, 현행에 대한 심화 공부를 충분히 할 수 있을 만큼의 시간이 확보되어야 합니다. 앞서 말씀드린 것처럼 초등 시기에는 근본적인 수학 실력을 올리는 게 중요하고, 더불어 수학 실력은 어려운 문제를 고민하고 풀어보는 과정에서 향상됩니다. 선행에 앞서 현행에 대한 심화 수준까지는 확실히 다져두는 것이 좋겠지요. 특히 초등 때 수학 단원평가에만 초점을 맞추게 되면 심화 문제집을 풀지 않아도 단원평가를 잘 본다는 생각에 심화 공부가 소홀해질 수 있습니다. 그래서 단원평가와 별개로 심화 문제집을 푸는 경험이 꼭 필요해요.

셋째, 다른 주요 과목에 대해서도 학년과 무관하게 계속해서 단계를 높여가며 중고등 수준까지의 대비가 잘 이루어지고 있어야 합니다. 고등학교는 '전과목 성적'이 중요합니다. 수학만 잘 본다고 해서 좋은 대학에 갈 수 있는 게 아닙니다. 초중등 시기에 다른 과목 공부할 시간을 줄여버리고 수학 선행만 달려버린다면, 고등 때 수학 성적은 괜찮을지라도 성적이 나오지 않은 다른 과목들에 의해 대학 입시에 발목이 잡힐 수 있어요. 아무리 초중등 때 수학 선행을 많이 해두어도 고등학생이 되면 시험 기간에 수학 공부를 하느라 결국 다른 주요 과목에 집중할 시간을 잃게 됩니다. 수학에 비하면 국어와 영어 같은 과목에는 어느 정도의 끝이 존재합니다. 그래서 선행 효율성이 뛰어나지요. 무엇보다 이 과목들은 학년 구분이 크지 않기에 초등 내용이 끝나면 중등, 중등 내용이 끝나면 고등으로 넘어가는 게 더 수월하며 선행에 대한 부작용도 적습니다. 가령 중학생 때 고등 수준까지 미리 공부해두면, 고등학생이 되었을 때 국어, 영어 공부할 시간을 줄이고 아껴 수학, 과학에 투자할 수 있는 시간을 마련할 수 있다는 것이죠. 그러니 수학 선행에 온 힘을 다하지 말고, 차라리 고등 진학 전까지 국어/영어를 고등 수준까지 끝내두는 걸 목표로 '국어, 영어 선행'을 해두는 걸 추천합니다.

결국, 수학 선행을 하지 말라는 것이 아닙니다. 현행 시험에 대해 100점이 나오고, 현행에 대한 심화 공부가 잘 진행되고 있고, 국어/영어도 소홀히 하지 않고 꾸준히 단계를 높여가면서 대비가 잘 되고 있을 때, 이 모든 조건이 충족된다면 그때는 얼마든 수학 선행을 해도 좋습니다. 수학 선행을 1년을 하든, 2년을 하든, 3년을 하든 말리지 않겠습니다. 특히 특목고, 자사고가 목표라면 수학 선행을 고3 내용까지 하고 가는 게 보통이겠지요. 그렇다면 특목고, 자사고가 목표인 학생들은 수학 선행을 초등 때부터 열심히 나가야 할 수도 있습니다. 그렇다 하더라도 제가 말씀드린 3가지 조건이 지켜져야 하며 실제로 특목고, 자사고에 오는 학생 가운데 이 3가지 조건을 내팽개치고 수학 선행만 하고 오는 학생은 아무도 없습니다.

일반고가 목표라면 수학 선행은 초등 때는 6개월~1년 앞서는 정도, 고등 진학 전까지는 1년~1년 반 앞서는 정도면 충분히 최상위권에 속할 수 있습니다. 더불어 무리하게 수학 선행을 달릴 시간에 국어, 영어 선행에 집중하는 게 현실적으로 더 많은 도움이 될 거예요. 고등 진학 전에는 과학 공부도 미리 해두는 게 좋습니다. 결국, 모든 조건이 충족된다면 수학 선행을 마음껏 해나가도 됩니다. 그러나 3가지 중 단 하나라도 충족되지 않는다면, 수학 선행은 생각도 하지 마시고 일단 이 3가지 조건부터 충족시켜주세요.

⑥ 연산의 중요성

초등 시기에 연산 실력을 다지는 건 매우 중요합니다. 연산을 잘한다는 건 단순히 문제집에 있는 연산 문제를 다 맞히는 것에서 끝나지 않습니다. 중고등학생 중에서는 수학 시험 시간이 부족하다고 느끼는 학생들이 많습니다. 주어진 시간 내에 빠르게 문제를 풀어낼 줄 알아야 하는데 그러지 못하는 경우가 많다는 뜻이죠. 때로는 급하게 계산해야 할 때도 있고, 검산할 시간이 부족할 때도 있습니다. 결국, 이런 상황 속에서 정답률을 높이고 시간 단축을 하기 위해서는 연산 실력이 필수라는 겁니다. 더러는 연산 문제집 정답률이 거의 100%에 가깝다는 이유로 연산 문제집 풀이를 중단해버리기도 하는데요. 정확도가 확보되었다면, 그때부터는 계속해서 연산 문제집을 풀면서 연산 속도를 올리는 연습을 해야 합니다.

초등 수학에 있어 '연산'은 여러 번 강조해도 과하지 않습니다. 아이가 연산을 싫어하는데, 싫어하는 연산을 계속 시켜도 될지 고민이라며 저를 찾아오는 학부모도 종종 있습니다. 하기 싫어도 해야 하는 게 있다면 그중 하나가 연산이라고 저는 답합니다. 하루에 한 페이지라도 좋습니다. 죽어도 하기 싫다고 하면 적절한 보상이라도 내걸고 꾸준히 학습해 나갈 수 있게 협력해주세요. 초등 수학에서 연산은 결코 빼놓을 수 없으니까요. 그렇다고 하루에 한두 시간씩 연산에만 집중하게 하거나, 학원에 따로 요청해 연산 위주로만 공부시켜서는 안 됩니다. 연산은 '계산 과정의 반복'입니다. 수학에 대한 흥미와 상관없이 초등 아이들 대부분에게 이는 굉장히 지루하고 따분한 작업입니다. 연산이 약하다는 이유로 연산만 하루에 1시간 넘게 시켜버리면 초등 아이는 '수학은 지루한 과정의 반복'이라는 인식이 생기게 되면서 수학과 더 멀어지게 됩니다.

정말 특수한 경우를 제외하고, 수학이라는 과목은 대개 재미가 없습니다. 저도 잘 알고 있고, 수학의 '재미없음'을 충분히 인지하고 있습니다. 초등 아이들이 그나마 수학에 흥미를 느끼는 포인트는 '뭔가 새로운 개념을 배우고 그걸 문제에 적용해서 문제를 잘 풀었을 때'입니다. 연산이 약하더라도, 결국 초등 졸업 전까지만 확실히 잡아주면 됩니다. 여유를 가지고, 연산 공부는 하루에 30분을 넘기지 않게 해주세요. 나머지 시간은 새로운 개념 배우기, 사고력, 심화 공부 등으로 채워나가면 됩니다. 연산 공부는 학습지 형태로 해도 되고, 시중 문제집을 활용해도 좋습니다. 학습지의 경우 반복되는 형태로 공부 습관을 잡기에는 좋으나 자칫 아이가 학습지 형태에 지루함, 지겨움을 느낄 수도 있습니다. 아이가 반복적으로 학습지 형태에 대한 피로감을 드러낸다면 그때부터는 학습지 대신《원리셈》,《신사고 쎈연산 초등》등의 연산 문제집으로 바꿔주시면 되겠습니다.

⑦ 시험만 보면 실수하는 아이

수학 과외를 하다 보면 평상시에는 문제를 잘 푸는데 시험만 보면 실수하는 초중고 아이들을 많이 만날 수 있습니다. 물론 수학뿐 아니라 모든 과목에 적용되는 이야기입니다. 평소에 문제를 잘 풀던 아이가 시험만 보면 자꾸 실수하는 이유가 뭘까요? 실제 시험에서의 '문제 풀이 환경'이 달라지는 것에 그 이유가 있습니다. 몇 가지로 나눠보겠습니다.

첫째는 '시간제한'입니다. 학생들은 평상시에 시간 내에 푸는 연습을 하고 있지 않습니다. 예컨대 문제를 풀다가 저녁 먹을 시간이 되면 저녁을 먹고, 화장실에 가고 싶으면 다녀오고, 컨디션이 안 좋고 피곤하면 다음 날로 미루기도 하죠. 실제 시험에서는 절대 그럴 수가 없습니다. 그러다 보니 학생들은 시간제한 속에서 압박과 부담을 느끼게 되고, 평상시의 실력을 100% 발휘할 수 없게 됩니다.

둘째는 '검산'입니다. 초등 아이들이 수학 시험에서 실수하고 집에 돌아오면, 대부분의 학부모님은 검산을 똑바로 하지 않은 아이를 지적합니다. 먼저 저는 학부모님께 평소에 아이가 수학 문제를 풀 때 '검산을 하는지' 되묻고 싶습니다. 아이들 대부분은 문제를 풀고 그냥 바로 채점을 해 버립니다. 검산을 전혀 하지 않아요. 그런데 실제 시험을 볼 때는 학원 선생님과 부모님이 '검산'을 하고 오라고 합니다. 검산이란 걸 한 번도 해본 적 없는 아이가 실제 시험에서 검산을 잘 해낼 리 만무합니다. 검산이 정확히 뭔지, 문제를 처음부터 다시 풀어보라는 건지, 헷갈린 문제만 다시 보면 되는 건지, 처음 문제를 풀 때부터 애매한 건 체크를 해두라는 건지, 자신에게 맞는 검산 방식 자체를 모른다는 겁니다. 그렇지 않아도 낯선 시험 환경 속에서, 할 줄도 모르는 검산을 하라고 한다면 제대로 해낼 수 있는 아이가 몇이나 될까요?

셋째는 '시험지의 형식'입니다. 실제 시험에서 실수하는 초등 아이들 가운데서는 시험지 형식 자체를 낯설어하는 경우가 꽤 많습니다. 두꺼운 문제집을 부담 없이 풀다가 실제 시험에서 서너 쪽 분량의 종이 형태 시험지를 접하게 되면 낯선 느낌이 들어 '하지 않을 실수'도 하게 된다는 거죠. 평상시에 문제를 잘 풀던 아이들이 시험만 보면 울상을 짓게 되는 이유입니다. 결국, 실수를 줄이기 위해서는 시험을 보기 전 이러한 문제들을 대비해 '실전 연습'을 해주는 것이 좋습니다.

초등 시기에 추천하는 〈EBS 초등 단추〉라는 사이트가 있습니다. 만약 3학년인 아이가 2학기 1단원에 대한 수학 단원평가를 본다고 하면 해당 사이트에 들어가 학년과 과목, 단원을 선택한 후 객관식, 주관식, 혹은 그 둘을 섞을지 선택하면 됩니다. 문제 난이도 역시 상중하 가운데 하나를 선택하거나 섞을 수 있고, 문제의 개수도 조절 가능합니다. 모두 선택한 후 '시험지 만들기'를 하면, 해당 단원에 대한 문제지가 시험지 형식으로 제공됩니다. 물론, 인쇄도 가능합니다.

저는 초등 아이들을 대상으로 과외를 진행할 때, 단원평가 3일~4

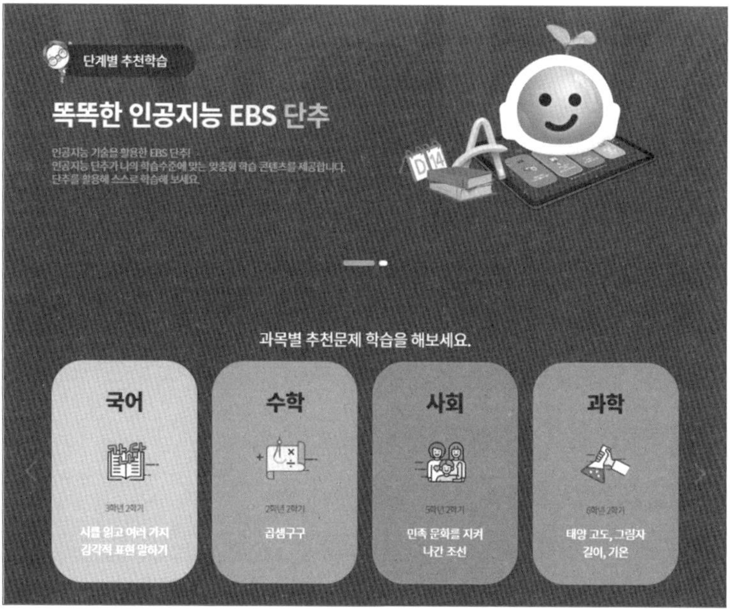

(출처: EBS)

일 전부터 〈EBS 초등 단추〉 사이트에서 과목별로 두어 세트씩 시험지 형식으로 문제를 출력해 시간 내에 푸는 연습을 시킵니다. 여기에는 검산까지 포함됩니다. 검산의 경우, 처음에 문제를 풀 때부터 조금이라도 헷갈리는 문제가 있으면 별 표시를 해두라고 얘기합니다. 모든 문제를 풀고 나면 별 표시를 해두었던 문제로 돌아와 기존에 풀었던 풀이는 가린 상태에서 처음 푸는 것처럼 새롭게 풀어보게 하는 것이죠. 눈으로만 보다 보면 실수를 놓치기 쉽기에, 손으로 다시 풀어보는 걸 더 권하는 편이에요. 그리고 시험 시간이 40분이면 32분 동안에는 문제를 풀고 8분 동안 검산하게 하거나, 30분 동안 문제를 풀고 10분 동안 검산하게 하는 등 학생 개개인에 맞는 검산 시간을 찾아주려고 노력합니다. 문제 풀이에 집중하다 보면 시계를 보는 걸 깜빡해 시간 관리에 실패하는 학생들이 종종 있기 때문이죠. 수학 문제를 풀 때 시계를 틈틈이 보는 훈련을 시켜주는 것도 좋습니다.

어쨌든 이 모든 과정은 실전 감각을 끌어올리고 앞서 언급한 실수 요소를 자연스레 극복할 수 있게 만듭니다. 그중에는 아이가 유독 어려워하는 유형이 있을 수도 있는데요. 이런 경우, 해당 단원의 문제 위주로 출력한 후 반복적으로 연습을 시키며 약점을 보완하는 용도로 활용하면 되겠습니다. 무료인 데다가 〈EBS 중등/고등 단추〉가 따로 있어 아이가 계속 사용하게 될 사이트이니, 두고두고 유용하게 활용하길 바랍니다. 그리고 만약 〈EBS 초등 단추〉 사이트로 매번 문제를 출력해주는 게 부담된다면, 시험지 형태로 실전 연습을 해볼 수 있는 《EBS 만점왕 단원평가 전과목》, 《수학 단원평가(천재교육)》 등의 교재를 활용해보는 것도 하나의 방법이 되겠습니다.

⑧ 완벽주의 성향인 아이

문제 틀리는 것을 과하게 싫어하고, 완벽한 모습만 보여주려는 아이들이 있습니다. 아이의 이러한 '완벽주의 성향'을 걱정하는 부모님들도 있는데요. 완벽주의 성향은 공부에 있어 오히려 장점으로 작용할 수 있습니다. 중고등 최상위권이 되기 위해서는 90점을 넘는 것에 만족하면 안 됩니다. 한 치의 실수도 용납하지 않는 집착과 끈기가 필요하다는 것이죠. 이번 시험에서 좋은 성적을 받았다고 안주할 게 아니라, 다음 시험에는 더 완벽하게 준비해야겠다고 다짐하는 태도라고 볼 수 있겠습니다.

완벽주의 성향의 아이들은 끈기 측면에서 다른 학생들보다 우위에 서게 되는데요. 이러한 아이들은 보통 초등 시기 학습에 어려움을 겪습니다. 완벽해지고 싶은 욕심, 단 한 문제도 틀리고 싶지 않은 욕심이 있는데 뜻대로 되지 않아 울거나 짜증을 내는 경우도 많죠. 초등 시기는 실력이 만들어지는 시기이기에, 완벽하지 않은 게 당연한데도 말이에요. 이러한 아이들은 자신의 성향과 현실 사이의 괴리 때문에 스스로 공부 자존감을 손상시키기도 합니다. 그리고 완벽하지 않은 모습을 누구에게도 보이지 않으려 하죠.

심한 경우, 문제를 풀어서 틀리느니 차라리 문제를 안 풀고 말겠다는 생각으로 약한 과목의 공부를 소홀히 해버리는 경향도 나타납니다. 이럴 때는 완벽주의 성향인 아이의 마음을 잘 알고 이해해주는 것이 중요해요. 특히 완벽주의 성향의 아이들에게 '문제는 틀려도 되는 거야', '아직 초등학생이니 틀릴 수 있어!' 등과 같은 위로는 별 도움이 안 됩니다. 이미 완벽해지고자 하는 성향이 자리 잡고 있어 위로의 말이 전혀 먹히지 않는 것이죠. 차라리 그것보다는 아이들에게 적합한 환경을 만들어주는 편이 낫습니다. 저 역시 과외를 하며 이러한 성향의 아이들을 만나보았는데요. 그 경험을 바탕으로 몇 가지 얘기하고자 합니다.

먼저, 완벽주의 성향의 저학년 아이가 집에서 엄마표 수학으로 공부할 때는 한꺼번에 많은 문제를 풀게 하면 안 됩니다. 동시에 여러 문제를 풀게 하면 틀리는 것에 대한 부담감과 두려움 때문에 문제를 푸는 내내 집중하지 못하게 됩니다. 그러니 처음에는 한 문제씩 풀게 해주세요. 예컨대 오늘 1번~8번 문제를 푸는 게 과제라면 8개의 문제를 한 번에 풀게 하지 말고, 정해진 시간 안에 1번 문제만 풀게 하는 겁니다. 그리고 바로 1번 문제를 채점하고 함께 고친 후 2번 문제로 넘어가면 됩니다. 이렇게 하면 완벽주의 성향의 아이들도 문제를 푸는 것에 대한 부담감을 줄일 수 있고 한 문제 한 문제에 더 집중할 수 있어 실력 향상에도 도움이 됩니다. 이게 적응이 된 후에는 한 번에 2문제, 3문제로 늘려가며 풀다 보면 최종적으로는 한 장 정도는 긴 호흡으로 스스로 풀 수 있게 됩니다. 만약 완벽주의 성향인 아이가 문제를 틀린다면 부모님이 아이에게 일방적으로 문제를 설명해주는 '수직 관계'가 아닌 '수평 관계'인 상태로 답안지를 펼쳐두고, 틀린 부분을 아이와 함께 고쳐나가는 것이 좋습니다.

완벽주의 성향인 아이는 학원 선택에도 신중해야 하는데요. 단체로 수업하는 형태의 학원보다는 개별진도식 학원을 권장합니다. 단체로 수업하게 되면 이해하지 못하는 내용이 있어도 계속해서 단체 진도를 따라가야 하는데, 이 상황 자체에 스트레스를 받을 수 있습니다. 특히 모르는 부분이 생기면 바로 질문해야 하는 성향임에도 그러지 못하기에 스트레스는 더 커지게 됩니다. 그야말로 상극인 거죠. 개별진도식 학원은 이러한 문제들을 전부 피해갈 수 있습니다. 수준에 맞게 공부하면서 모르는 게 생기면 바로바로 해결할 수 있죠.

만약 자기 주도 습관이 어느 정도 되어 있는 완벽주의 성향의 아이라면 패드 학습도 좋습니다. 학원 숙제 자체에 부담감을 느끼는 아이들은 자신이 모르는 부분을 스스로 찾아 들으며 고민하는 시간을 좋아하기에, 패드 학습이나 EBS 무료 인강을 활용하는 것도 하나의 방법입니다. 스스로 문제를 풀고 그 문제에 대한 설명을 들으며, 자신의 성향과 상황에 맞는 문제 풀이를 할 수 있게 되는 것이죠. 아이의 성향에 따라 이러한 '환경'을 구축해 주는 것도 부모의 역할입니다. 무엇보다 완벽주의 성향의 아이들은 자신의 학업적 고민을 부모님께 잘 털어놓으려 하지 않습니다. 자신의 부족한 면을 드러내고 싶지 않기 때문이죠. 그러니 아이가 문제도 곧잘 풀고, 학원도 잘 다니고 있더라도 먼저 다가가 주세요. 고민은 없는지, 힘든 부분은 없는지 물어보는 거예요. 겉은 멀쩡해도 속은 꺼내놓기 전까지 알 수가 없으니까요. 이러한 다정함이 아이의 닫힌 마음을 열어줄 것입니다.

초등 시기에 탄탄한 실력과 완벽주의 성향이 더해진다면 중고등 최상위권 도약에 큰 도움이 될 것입니다. 물론 초등 시기는 아직 실력이 형성되는 때이고, 문제 틀리는 걸 견디지 못해 울거나 포기하는 아이들도 그만큼 많이 생긴다는 것을 잊지 마세요. 더불어 위에서 언급한 완벽주의 성향 아이들의 특징들과 해결책을 기억하고 잘 활용해보길 바랍니다.

⑨ 답만 잘 맞히는 아이

수학 문제를 풀 때 답은 잘 맞히지만 '풀이 과정'을 제대로 못 쓰는 초등 아이들이 많습니다. 당장은 큰 문제가 되지 않을지도 모르겠으나, 중학생부터는 수학 서술형이 더욱 중요해집니다. 특히 학교 시험에 출제되는 서술형 문제는 시험지에서만 풀고 끝나는 게 아니라 OMR 카드에 풀이 과정을 옮겨 적어야 합니다. 주어진 시간 안에 풀이 과정을 논리적으로 적을 줄 알아야 하기에 서술형 작성 요령에 대한 연습은 필수입니다.

분명한 건, 서술형은 재능의 영역이 아닙니다. 노력을 통해 실력을 충분히 올릴 수 있는 영역이지요. 그러니 아이가 답만 잘 맞히고 풀이 과정 작성을 어려워한다면, 초등 때부터 《나 혼자 푼다! 수학 문장제》 등의 교재를 활용해 수학 서술형 연습을 별도로 시켜주세요. 꼭 교재 형태가 아니더라도 앞에서 소개한 〈EBS 초등 단추〉 사이트에서 문제 유형을 '주관식'으로만 선택해 서술형 연습만 집중적으로 해볼 수 있습니다. 수학뿐만 아니라 다른 과목의 서술형 보완도 필요하다면 해당 사이트를 적극적으로 활용해보길 바랍니다.

⑩ 문제가 조금만 길어져도 어려워하는 아이

차분히 풀면 얼마든 풀 수 있는 문제인데도, 문제 자체가 조금만 길다 싶으면 포기해버리는 아이들이 있습니다. 긴 호흡에 익숙하지 않아 얼른 별 표시를 하고 다음 문제로 넘어가는 것이죠. 이러한 아이들에게 처음부터 두어 장씩 한 번에 풀게 한다면, 짧은 문제 위주로만 풀고 긴 문제는 빠르게 넘기게 될 것입니다. 문제는 이러한 불필요한 '스킵'이 습관이 된다는 거예요. 한 문제씩 끊어서 푸는 연습을 통해 다시 습관을 잡아줄 필요가 있습니다. 제가 가르친 아이들 가운데서도 이 방식으로 습관을 고친 사례가 많습니다.

어려운 문제 앞에서 지레 겁먹는 아이에게 수학 심화 문제집 한 페이지를 풀어보라고 하면 여러 문제를 왔다 갔다 하며 혼란스러워할 것입니다. 한 문제를 깊이 있게 고민하며 수학적 사고력을 키우는 것이 심화 문제를 푸는 목적인데, 그 목적에 조금도 도달하지 못하게 되는 것이죠. 그래서 저는 이러한 아이들에게는 한 페이지가 아니라 한 문제씩 끊어서 풀게 합니다. 가령 오늘 풀 범위가 1번부터 5번이라고 하면 아이에게 이렇게 말합니다.

"지금부터 시간을 6분 줄 테니 2번부터 5번까지는 신경 쓰지 말고, 1번 문제만 집중해서 풀어보자."

아이는 나머지 2번~5번 문제에 대해 틀릴 걱정을 할 필요 없이 6분이라는 시간을 온전히 1번 문제에만 쏟을 수 있게 되고, 심화 문제를 푸는 본래의 목적을 살릴 수 있게 되는 것이죠. 그리고 한 문제를 다 풀었다고 하면, 1분이라는 추가 시간을 주면서 검토를 해보도록 합니다. 참으로 단순한 원리입니다. 긴 문제를 읽기 싫어 넘기는 아이도 마찬가지입니다. 자꾸 한 장 단위로 쭉 풀게 하면 '한 장에 한 문제 정도는 별 표시를 해도 괜찮겠지.' 하는 안일한 생각을 가지면서, 읽어보려는 노력도 없이 별 표시를 하고 넘어가 버립니다(실제로 이런 아이들이 많아요). 한 문제씩 끊어서 하는 게 어느 정도 익숙해지면, 그다음부터는 시간을 두 배로 주고 두 문제씩 끊어서 해보는 겁니다. 이런 식으로 점점 문제 수를 늘려가면 최종적으로는 4쪽, 2장 정도는 집중해서 풀어낼 수 있게 됩니다.

사고력과 심화 등 고민이 많이 필요한 문제 풀이 경험도 중요합니다. 계속해서 개념서, 연산 수준의 쉬운 문제에만 익숙해진 아이들은 조금만 문제가 어려워져도 그 긴 호흡을 견디기 힘들어하죠. 초등 저학년 때 사고력, 고학년 때 어려운 심화 문제를 긴 호흡으로 풀어내는 연습을 한 아이들은 갑자기 튀어나오는 긴 문제 앞에서도 담담할 수 있습니다. 독서도 마찬가지입니다. 저학년 때는 짧은 줄글 책을 매일 한두 권씩 읽으며 권수 자체를 늘리는 것이 도움이 되겠지만, 고학년 때부터는 1주~2주 분량의 두꺼운 줄글 책 1권을 목표 도서로 정하고 읽는 것이 좋습니다. 매일 한 챕터씩 끊어 읽으며 두꺼운 책 한 권을 완독하는 경험은 긴 호흡을 오래 유지할 수 있게 해주죠. 더불어 아이에게 영상을 노출시켜 줄 때는 10분 이상의 긴 영상이나 차라리 한두 시간 분량의 영화 같은 영상 위주로 보여주시고, 쇼츠나 릴스, 틱톡 등의 숏폼은 되도록 통제하는 것이 좋습니다. 이러한 짧은 콘텐츠들이 공부와 문제 풀이에까지 지장을 줄 수 있다면 삼가는 것이 맞겠지요.

공부 계획표를 세울 때는 하루 단위의 '단기적인 계획'을 세우는 경우가 대부분일 텐데요. 이렇게 짧은 호흡을 반복하기보다는 한 달 동안 수행할 과목별 과제를 정해두고 월 단위로 공부 계획표를 세운 후 실천하는 것도 좋은 방법입니다. 월 단위로 계획을 수행했을 때, 보상을 주셔도 좋습니다. 월 단위가 어렵다면, 처음에는 주 단위로 해봐도 됩니다. 공부에 있어 '긴 호흡'이 그만큼 중요하다는 겁니다.

⑪ 도형을 어려워하는 아이

저도 그랬지만, 공간 지각 능력이 부족한 아이들은 입체도형을 배우면서 점점 도형에 대한 자신감을 잃어가게 됩니다. 이러한 초등 도형은 중등 도형과도 연결되고, 특히 중등 도형은 고등 수학의 공식 유도 과정에서도 활용됩니다. 초등 시기에 도형을 어려워하는 아이가 있다면 약점 보완을 위한 공부가 반드시 필요합니다. 쌓기나무, 입체도형 등의 도형이나 공간 지각 능력에 관한 특정 단원을 어려워하는 아이라면 〈EBS 초등 단추〉 사이트에서 해당 단원에 대한 문제를 5세트~10세트 정도 출력하여 반복적으로 문제 풀이를 해보는 것이 좋습니다.

시중에 있는 '플라토 평면주머니', '플라토 입체주머니'와 같은 도형 교구를 구매해 아이가 직접 손으로 만져보면서 감각을 익힐 수 있게 해주고, 《도형 학습의 기준 플라토》 시리즈처럼 도형을 집중적으로 공부할 수 있는 교재를 활용해보는 것도 좋습니다. 도형에 약점이 있는 아이라면 이러한 방법들을 활용해 약점 보완을 해주시길 바랍니다. 그리고 초3~4 때 배우는 각과 다각형을 어려워하는 아이라면 《머리에 탁 떠오르는 기적특강 각과 다각형》, 초5~6 때 배우는 평면도형과 입체도형을 어려워하는 아이라면 《공식이 쏙 외워지는 평면도형》, 《눈앞에 짠 펼쳐지는 입체도형》 등의 문제집을 활용해보는 것을 추천합니다.

⑫ 분수, 소수를 유독 어려워하는 아이

오히려 도형보다 분수, 소수 개념을 어려워하는 아이들도 있습니다

다. 처음 배우게 되면 낯설기도 하고 추상적으로 느껴지다 보니, 분수와 소수의 개념을 잘 이해하지 못하는 것입니다. 이해하기 어려워 그냥 암기식으로 넘어가는 아이들도 많습니다. 그러나 초등 때의 분수, 소수는 중고등 수학에 있어서 가장 기본기가 되는 내용이기에 제대로 정리하고 갈 필요가 있습니다. 이러한 학생들을 위해서 우선 《분수와 소수가 우리 집으로 들어왔다!》, 《거대 소수로 암호를 만들어》 등을 통해 흥미 위주로 분수와 소수를 접하면 좋겠습니다. 참고로 이 2권의 책은 제 과외 학생들에게 분수와 소수를 가르쳐주기 전에 늘 선물로 주면서 읽게끔 하는 책들입니다.

분수와 소수는 결국 이어져 있습니다. 따로 보는 것보다 분수와 소수의 연속성을 공부하는 것이 둘의 관계를 이해하는 데 더 큰 도움이 되며, 《초등연산 분수 소수 백분율 연결고리 학습법》 등의 교재를 활용해 보는 것도 좋습니다. 이 역시 〈EBS 초등 단추〉 사이트에서 분수와 소수에 관한 문제들만 따로 출력 후 반복적으로 문제풀이를 한다면 금방 감각을 익힐 수 있을 것입니다. 그리고 추가로 약수와 배수를 유독 어려워하는 아이라면 《바쁜 초등학생을 위한 빠른 약수와 배수》 교재를 활용해보시면 도움이 될 거예요.

⑬ 수학 학원, 언제 보내야 할까?

학생마다 '수학 학원에 다니기 시작하는 시기'는 모두 다르겠지만, 저는 그 기준점을 '더 이상 부모님이 선생님의 역할을 해주지 못할 때'로 잡고자 합니다. 3가지로 예를 들어 설명할 수 있는데요. 첫 번째는 수학 때문에 자꾸만 아이와의 갈등을 빚게 되는 시점입니다. 수학에 대해 부모님과 아이의 의견이 달라서 충돌하고 서로 감정이 상할 일만 생기게 된다면, 그때부터는 수학 학원을 보내는 게 좋습니다. 만약 아이가 수학 학원에 다녔다면 수학 때문에 학원 선생님한테 소리를 지르고 다퉜을까요? 아마 그러지 못할 것입니다. 부모님을 더 이상 선생님으로 받아들이지 않기에 해당 과목에 대한 갈등이 자꾸 생기는 것이죠.

두 번째는 '틀린 문제를 부모님이 직접 알려주는 게 버겁다고 느껴질 때'입니다. 아이가 초등 저학년이라면 부모님이 수월하게 알려줄 수 있겠지만, 초등 고학년이 되면서부터는 부모님이 설명해주기 어려운 문제들도 하나둘 생겨날 수 있습니다. 그때부터는 부모님이 힘들게 설명하려다가 오히려 오개념을 만들 수도 있어요. 비로소 학원을 활용해야 할 시점입니다. 세 번째는 '아이에게 수학 문제를 풀라고 해도 귀찮아하거나 풀지 않으려 할 때'입니다. 만약 학원 선생님께서 숙제를 내주었다면 아이가 귀찮다는 이유로 숙제를 하지 않을 수 있을까요? 아시다시피 학원은 '강제성'을 부여해줍니다. 아이에게 문제를 풀라고 했음에도 아이가 지시를 따르지 않는다면, 이제 부모님이 더는 선생님의 역할을 해주지 못하는 것입니다. 그때부터는 강제성 부여를 할 수 있는 학원에 보내는 것이 좋습니다.

어떤 종류의 수학 학원을 보내야 할지 고민하는 분들도 있습니다. 대형학원이 좋을지, 소수정예 학원이 좋을지 선뜻 선택하지 못하는 거죠. 답은 간단합니다. 아이의 성향에 따라 선택하면 됩니다. 만약 아이가 다른 아이들이 열심히 하는 모습을 보면서 동기부여를 받는 성향이거나 학원 선생님한테 주목받지 않고 조용히 수업 듣는 걸 좋아한다면 '대형학원'이 더 적합할 것이고, 다른 아이들이 본인보다 잘하는 모습을 보면 쉽게 주눅이 든다거나 공부하다가 모르는 게 생기면 참지 않고 바로 질문하는 성향이라면 '소수정예' 또는 '개별 진도식' 학원이 더 적합할 것입니다.

⑭ 오답 노트의 필요성

수학에서는 '한 번 틀렸던 문제를 다시 틀리지 않는 것'이 무엇보다 중요합니다. 처음은 실수라고 해도, 두 번째부터는 실력이 됩니다. 그리고 실제 시험에서는 이러한 실수를 용납하지 않습니다. 틀린 수학 문제에 대한 오답 노트를 쓰게 하는 경우가 있는데요. 저는 수학 오답 노트의 필요성에 대해 그리 긍정적이지 않습니다. 수학 오답 노트 작성에는 생각보다 많은 시간이 소요됩니다. 더구나 복습할 때 수학 문제집과 수학 오답 노트를 모두 봐야 하는 만큼 효율성이 많이 떨어집니다. 봐야 할 게 하나 더 늘어나는 셈이죠. 특히 글쓰기 자체를 싫어하는 초등 아이들이 많은데, 수학에서까지 오답 노트를 작성하게 한다면 수학과 관련한 공부 정서에 긍정적인 영향을 주기 어려워집니다.

오답 노트의 목적은 '한 번 틀린 문제를 다시 틀리지 않는 것'에 있습니다. 저는 차라리 수학 문제집을 풀다가 틀린 문제가 나오면 '포스트잇 인덱스탭'으로 해당 페이지를 표시해두는 것을 추천합니다. 매주 주말, 일주일 동안 틀렸던 문제들을 다시 풀어볼 때나 단원평가 보기 전에 표시해둔 부분을 펼쳐 반복적으로 풀어보는 겁니다. 만약, 수학 오답 노트를 '꼭' 쓰고자 한다면 문제를 그대로 옮겨 적을 필요는 없습니다. 그대로 옮겨 적는 건 받아쓰기지, 수학 공부가 아닙니다. 그 문제의 출제 의도가 무엇이고, 본인이 어떤 부분에서 실수했는지를 중심으로 문제집 이름과 쪽수, 문제 번호를 따로 노트에 기록하면 되겠습니다.

이런 식으로 본인이 그 문제를 왜 틀렸는지 기록해둔다면, 그리고 그 기록들을 적절하게 잘 활용한다면 오답 노트 쓰기가 훨씬 유의미해질 것입니다. 물론, 오답 노트를 활용하지 않고 포스트잇 인덱스탭으로 표시한 후 여러 번 풀어보는 방식이 좀 더 좀 더 효율적이라고 생각합니다.

⑮ 예비 초등 수학 공부

수학 공부가 워낙 어릴 때부터 강조되다 보니, 예닐곱 살부터 할 수 있는 예비 초1 수학 공부법을 궁금해하는 학부모들이 있습니다. 사실 예비 초1 수학 공부법은 특별할 게 없습니다. 뭘 시켜도 상관없다는 뜻입니다. 연산도 좋고, 도형도 좋고, 사고력 증진도 좋습니다. 필수가 아니기에, 부모님의 선택에 따라 자유롭게 진행해도 아무 문제가 없습니다. 단, 예비 초1 수학은 단순한 수학 공부의 의미를 넘어 '매일 약간의 분량을 꾸준히 소화하며 공부 습관을 잡는다는 측면'에서는 의미가 있습니다. 어떤 형태의 수학이든 매일 꾸준히 할 수 있는 '공부 습관' 형성에 집중해주세요.

개념을 처음 접하기에는 아무래도 《7살 첫 수학》 시리즈 같은 실생활 연계 수학 교재를 활용해보는 것이 좋고, 《그림으로 개념 잡는 유아 수학》이나 《1학년 처음 수학》 역시 흥미롭게 수학을 접하는 데에 도움을 줄 것입니다. 이러한 기본적인 공부와 함께 도형 또는 사고력에 초점을 맞춘 학습을 진행해도 되며, 특히 다른 과목의 학습만화 역할을 해주는 것이 수학에서는 '도형 교구'라는 것도 알아두세요. 학습만화는 해당 과목에 대한 진입장벽을 낮춰주고, 흥미를 높여주는 역할을 하죠. 수학에서는 그 역할을 도형 교구가 해줍니다. 특히 도형을 지면 학습으로만 접근하게 된다면 추상적이고 멀게 느껴지는데요. 예비 초등 시기에는 가급적 도형 교구와 병행하여 학습하는 걸 추천하며, 이 시기에 수학 학원을 보낼 때도 수학 교구 수업이 포함된 학원을 활용해보길 추천합니다. 그리고 이와 함께 6세~7세 때는《창의사고력 수학 키즈 팩토》,《영재사고력수학1031 키즈》 같은 시리즈 교재로 사고력 수학을 미리 시작해도 좋습니다. 수학적인 사고를 경험할 수 있는 환경을 미리 제공해서 근본적인 수학 실력 향상에 집중해주시길 바랍니다.

만약 6세~7세 때 수학적 사고력을 문제집 형태가 아니라 흥미 위주로 길러주고 싶다면《10세까지 머리가 좋아지는 수학 퍼즐 305 문제》를 추천합니다. 퍼즐과 만화가 수학에 접목되어 좀 더 흥미롭게 학습할 수 있으며, 이를 통해 수학에 대한 정서 또한 긍정적으로 키워나갈 수 있습니다. 각 분야에 따라 이런저런 문제집을 추천했지만, 문제집은 결국 참고하고 활용하는 용도에 지나지 않습니다. 예비 초등 시기에는 '무조건 해야 하는 수학 공부'가 없으니 기본적인 연산, 도형, 사고력 등 부모님의 판단에 따라 아이에게 맞는 수학 공부를 해나가면 됩니다. 그렇게만 해도 학습 형성의 기반이 잘 다져

지니까요.

덧붙이자면 이 시기에 수학보다 중요한 건 다름 아닌 독서입니다. 수학 공부를 하느라 독서 시간을 빼앗기는 일이 없도록 꼭 주의해주세요.

⑯ 예비 중1 수학 공부

'예비 중1 시기에 해두어야 할 수학 공부'도 많이 받는 질문 중 하나인데요. 이때는 특별히 뭔가를 추가하기보다는 초6 심화와 함께 중등 선행에 집중하는 것이 좋습니다. 초등학교 6학년 2학기에 비해 중학교 1학년 1학기 때 배우는 내용은 어렵습니다. 그렇기에 중학교 진학 전에 최소한 중1-1 내용은 개념 공부를 해두고 가는 걸 추천합니다. 전혀 모르는 상태에서 중학교에 입학해 처음 수학 수업을 듣게 되면 생각보다 어려워 당황할 수도 있기 때문이죠. 초등 수학은 중등 수학과 아무래도 밀접하게 연관되어 있습니다. 그렇기에 《바빠 중학 수학으로 연결되는 초등 수학 총정리》, 《초등 키 수학 총정리 12일 완성》과 같은 초등 수학 총정리 교재를 예비 중1 겨울방학 전후로 공부해보는 걸 추천합니다.

특히 초등 때 배우는 도형들은 중등 때 연계되기도 하는데요. 도형 복습이 필수는 아니지만, 만약 아이가 유독 도형에 약한 모습을 보였다면 예비 중1 시기에 《초등 도형 21일 총정리》와 같은 교재로 총정리해보는 것도 좋습니다. 물론 아이가 이전에 풀었던 교재들을 다시 넘겨보면서 복습하는 방식을 선호한다면 그렇게 해도 좋습니다. 앞서 〈예비 중1 국어 공부〉에서 말씀드린 것처럼 수학 역시 한국교육과정평가원 사이트에서 초졸 수학 검정고시 문제지를 출력할 수 있습니다. 최소 3개년 정도는 아이에게 시켜보면서 초등 6년의 학습 공백을 점검해보길 바랍니다. 더불어 이를 통해 예비 중1 겨울방학 수학 공부의 방향성도 설정할 수 있습니다.

아이가 기본적인 연산 실수를 여전히 너무 많이 하고 있다면, 예비 중1 겨울방학 때는 연산 문제집 1권을 별도로 병행하면서 약점을 보완할 수 있습니다. 추가로 권장하는 건 '수학 영화'의 활용인데요. 6년 내내 초등 수학을 공부하다가 곧바로 중등 수학으로 넘어가면 자칫 흥미를 잃고 지겨움과 권태로움을 느낄 수도 있습니다. 그래서 저는 예비 중1 아이들에게 수학을 소재로 한 영화를 두어 편씩은 꼭 보도록 합니다. 부모님과 함께 본다면 더욱 좋습니다. 《어메이징 메리》, 《히든 피겨스》, 《네이든》, 《뷰티풀 마인드》, 《박사가 사랑한 수식》, 《이상한 나라의 수학자》 등의 수학 소재 영화는 수학에 대한 아이의 흥미도를 한껏 높여줄 것입니다.

3-3

초등 영어

① 초등 영어에 대한 두 가지 주장

국어와 수학은 어떤 전문가의 이야기를 듣더라도 결국 본질 자체가 비슷한 편이지만, 초등 영어는 유독 두 주장으로 갈립니다. 어차피 한국에서 입시를 치를 거면 유초등 시기부터 문법, 단어, 독해와 같은 입시 영어에 초점을 맞춰야 한다는 주장과 유초등 시기에는 흥미 위주로 말하기, 듣기, 읽기 등을 배우고 문법, 독해, 단어와 같은 입시 영어는 고학년부터 시작해도 늦지 않다는 주장이 바로 그것입니다. 이 두 주장은 계속해서 존재해왔고, 각 주장을 대표하는 전문가들이 있을 정도로 견고합니다.

그렇다면, 이 두 주장은 왜 여전히 대립하고 있을까요? 답은 의외로 간단합니다. '중학생 때까지는 큰 차이가 나지 않기 때문'입니다. 중등 영어 내신 시험은 교과서 본문에서 거의 모든 문제가 출제되기에 교과서 본문 '통암기'를 하면 A 등급을 받을 수 있는 구조입니다. 영어 실력이 좀 부족해도 교과서를 통째로 암기해버리면 시험을 잘 볼 수 있다는 것이죠. 그러니 두 주장의 차이가 없을 수밖에요. 하지만 고등 시기에 접어들면 얘기가 달라집니다. 이때는 학교 시험에서 교과서 본문뿐만 아니라 변별력을 위해 외부 지문에서 문제가 출제되는 경우가 많고, 아무리 열심히 공부한다고 해도 결국 실제 시험에서는 어려운 단어, 애매한 맥락과 맞서게 됩니다.

어렸을 때부터 입시 영어에만 초점을 두고 공부한 학생들은 모르는 단어, 해석되지 않는 문장이 나왔을 때 대처하는 능력이 부족합니다. 틀에 맞춰진 입시 영어만 접하다 보면 모르는 문제가 나왔을 때 그만큼 유연성이 떨어지게 됩니다. 하지만 어렸을 때 흥미 위주로 말하기, 듣기, 읽기 등을 배우고 영어를 언어로써 받아들이며 학습한 학생들은 '맥락을 파악하는 능력'이 뛰어납니다. 즉, 어려운 단어가 나오더라도 당황하지 않고 '앞부분에 이런 내용이 나왔고 바로 뒷부분이 이런 내용으로 이어지니 이 단어는 대략 이런 의미겠구나!' 하며 슬기롭게 대처할 수 있다는 것이죠.

이렇게 맥락을 파악하는 능력은 고등학생 때 갑자기 키우기가 쉽지 않습니다. 키운다고 하더라도 오랜 시간이 걸립니다. 결국, 고등 시기까지의 장기적 관점에서 생각해본다면 이 두 주장 중에서는 '두 번째 주장'이 현실적으로 좀 더 도움이 된다고 볼 수 있겠죠. 정리하자면 유초등 시기에는 흥미 위주로 자연스럽게 영어를 접하면서 말하기, 읽기, 듣기 연습을 하고 고학년이 되었을 때 문법, 독해, 단어와 같은 입시 영어를 시작하면 되겠습니다. 이 방향성을 알고 접근한다면 훨씬 좋은 성과를 거두게 될 것입니다.

② 영어는 국어와 똑같다

위에서 언급한 두 주장 중 어떤 것이 더 좋을지 여전히 헷갈린다면, 하나만 더 분명히 하겠습니다. 영어는 '언어'입니다. 이는 국어와 동일한 방식으로 공부하면 된다는 뜻이기도 합니다. 우리가 국어 공부를 어떻게 했는지 생각해봅시다. 처음부터 문법 공부를 했나요? 처음부터 독해 문제집을 풀었나요? 혹은 처음부터 어휘 단어장을 암기했나요? 아닙니다. 국어의 첫 시작은 한글을 배우는 것이고, 그 한글은 부모님의 말소리를 듣는 것으로 시작됩니다. 그걸 입으로 말해보면서 독서를 통해 읽고, 직접 손으로 써보며 자연스레 익히게 되는 것이죠. 그리고 국어 문법이나 국어 독해 문제집은 한글을 읽고, 말하고, 듣고, 쓰는 능력이 갖춰진 이후에 접하게 됩니다.

어렵게 생각할 필요가 없습니다. 영어도 국어와 '동일하게' 공부하면 됩니다. 실제로 의대에 입학하게 되면, 제가 다니는 학교의 경우 〈Communication in English〉라고 하는 영어 회화 수업을 필수로 들어야 합니다. 이 수업은 원어민 선생님이 진행하며 문법, 독해, 단어를 가르치는 게 아니라 영어로 말하고 듣는 훈련과 상황극을 통한 실전 회화 연습을 합니다. 실제 시험도 종이 시험이 아니라 영어 발표로 대체할 정도이니, 영어를 언어로써 받아들이는 건 어찌 보면 당연한 일이죠. 특히 말하기를 배우기 전에 문법부터 배워버린 학생은 영어 말하기를 할 때 늘 맥락이 아닌 '문법'에 맞춰 말해야 한다는 강박에 사로잡힙니다. 그러다 보니 부족한 말하기 실력이 나중에는 걸림돌이 되기도 합니다.

앞서 얘기한 것처럼 유초등 시기에는 영어를 흥미 위주로 자연스럽게 접하면서 말하기, 읽기, 듣기 연습을 하게 해주고 초등 고학년이 되면 문법, 독해, 단어와 같은 입시 영어를 본격적으로 시작해주길 바랍니다.

③ 4가지 방법 (화상영어, 회화학원, 엄마표, 영어도서관)

유초등 시기에 말하기, 듣기, 읽기 등을 통해 흥미 위주로 영어를 자연스럽게 접하는 방법에는 크게 4가지가 있습니다. 화상영어, 회화학원, 엄마표, 영어도서관이 그 대표적 예입니다. 얘기를 본격적으로 시작하기 전에 꼭 알아두어야 할 것이 있는데요. 이 4가지 방법 중 무엇을 선택하든 상관이 없으니 4세~7세부터 초등 저학년 때까지는 영어를 그저 흥미 위주로, 언어답게 받아들이는 연습을 시켜주세요. 만약 초등 저학년 때부터 영문법, 영단어를 배우더라도 이것만 하기보다는 이 공부와 함께 영어 원서, 영어 영상 노출을 통해 자연스럽게 영어를 익히는 학습도 병행해주시길 부탁드립니다. 그럼, 구체적으로 살펴보겠습니다.

먼저 원어민 선생님과 온라인으로 수업하는 '화상영어'입니다. 화상영어의 큰 장점 중 하나는 접근성인데요. 장소에 구애받지 않고 집에서 수업을 들을 수 있으니 일단 편리합니다. 1:1 맞춤형으로 진행되는 만큼 아이의 수준을 고려한 단계별 수업과 적절한 피드백을 얻을 수도 있고요. 그러나 이 '온라인'이라는 수업 형태는 화상영어의 단점이 되기도 합니다. 선생님과 직접 대면하지 않기에 아이가 아직 어리다면 집중력을 쉽게 잃을 수 있습니다. 그래서 화상영어를 할 때는 아이가 집중을 잘하고 있는지 지속적으로 확인해야 하며, 특히 문제집 역시 온라인상으로 검사가 되기에 부모님이 과제 수행 여부를 함께 확인해줄 필요가 있습니다. 더불어 또래 친구들과 영어로 이야기를 나눌 기회를 보장받지 못한다는 아쉬움도 있습니다. 화상영어는 선생님을 선택하기가 특히 조금 까다로운데요. 선생님의 국적에 따라 아이의 발음도 변하기 때문이죠. 미국, 영국, 필리핀, 호주 등 국가마다 발음의 차이가 있기에 이 부분 역시 신중하게 고려해야 합니다. 판단 기준을 오직 '수업료'에만 둬서는 안 된다는 것입니다.

다음은 '회화학원'입니다. 최근 유초등 아이들을 대상으로 영어 요리, 영어 뮤지컬, 영어 에세이 등 영어를 흥미 위주로 가르치는 학원이 많아지고 있습니다. 이러한 회화 중심 영어 학원은 영어유치원보다 비용은 더 저렴하면서 영어유치원의 성격과 유사합니다. 또래 친구들과 함께 영어를 배우고 영어로 소통할 기회도 자연스레 많아지는 것이죠. 아이들이 어렸을 때부터 흥미 위주의 학원을 경험하게 되면, 영어는 물론 학원에 대한 긍정적인 인식도 심어줄 수 있습니다. 보통의 초등 아이들은 학원을 재미없고 지루한 곳으로 생각하니까요. 다만 이러한 회화 중심 영어 학원들은 커리큘럼이 그야말로 각양각색이기에, 시간을 두고 내 아이에게 맞는 커리큘럼을 일일이 찾아야 합니다.

'엄마표 영어'도 빼놓을 수 없죠. 엄마표 영어는 사교육의 도움 없이 부모님이 직접 영어 영상, 영어 그림책, 원서 등을 읽히며 흥미 위주로 학습하는 교육 형태인데요. 사실 말처럼 쉬운 건 아닙니다. 부모님이 선생님 역할까지 해줄 수 있다면 물론 좋겠지만, 영어 전문가가 아닌 이상 아무런 정보 없이 아이의 눈높이에 맞는 영어 영상과 영어 원서 노출을 해주기가 어렵습니다. 그러니 엄마표 영어를 할 때는 학부모님 혼자서 모든 걸 다 하려 하지 말고, 일단 그와 관련된 자료나 정보를 다양하게 찾아보는 것이 좋습니다. 유튜브 채널 〈새벽달〉, 〈현서 아빠표 영어〉를 참고해도 좋고 《새벽달 엄마표 영어 20년 보고서》, 《영어 전용 스위치부터 켜라》, 《현서네 유튜브 영어 학습법》 등의 교재를 활용해도 좋습니다. 그리고 어떤 영어 원서를 보여주는 게 좋을지 고민이라면, 《0세~10세 영어 원서 필독서 100》과 같은 교재를 추가로 활용해보시는 걸 추천해요. 제가 개인적으로 추천하는 영어 원서는 《Oxford Reading Tree(Ort)》이니 참고해보시길 바랍니다.

더불어 〈리딩게이트〉, 〈라즈키즈〉와 같은 온라인 영어 원서 프로그램을 활용하는 것도 좋습니다. 엄마표 영어를 하는 과정에서 원서나 영상을 일일이 찾아보는 것도 좋지만, 이러한 온라인 프로그램을 통해 다양한 원서 및 영상을 노출시켜 주는 것도 하나의 좋은 방법이 될 것입니다. 다만, 너무 어렸을 때부터 책을 '온라인'으로 접하는 게 익숙해지면 추후 지면 학습 시 걸림돌이 될 수도 있으니, 이와 함께 꾸준히 종이 형태의 한글책도 놓치지 않고 병행해주세요. 6세~초등 저학년 때 가장 추천하는 건 '엄마표 영어' 형태입니다. 아직 아이가 어린 만큼, 아이와 가장 가까이 있는 학부모님이 아이의 영어 선생님 역할을 수행해줄 수 있다면 많은 도움이 될 것입니다. 아이가 화상영어, 회화학원, 영어도서관 등 외부 도움을 받더라도 결국 영어 실력을 더 빠르게 늘리기 위해서는 엄마표 영어를 통한 병행이 가장 효과적입니다. 그러니 엄마표 영어는 초등 저학년이 되더라도 놓지 말고 이어가 주시면 좋겠습니다. 물론, 워킹맘이나 영어가 어려워 아이를 지도하는 게 힘든 분들이라면 외부의 도움을 받는 비중을 늘리셔도 괜찮습니다. 이러한 공부 없이 문법, 단어 위주로만 공부하는 것만 피해주시길 바랍니다.

마지막은 '영어도서관'입니다. 유초등 아이들이 활용하게 되는 영어도서관은 주로 학원의 모습이지만, 공부가 위주는 아닙니다. 영어 그림책을 비롯한 영어 원서를 중심으로 다양한 영어책을 접하고, 선생님의 1:1 관리를 통해 듣기, 말하기, 작문 등을 공부하고 피드백을 받을 수 있습니다. 이러한 영어도서관은 회화학원보다 '영어 원서'에 더욱 초점을 두죠. 영어 원서를 읽을 줄 알아야 하기에 기본적인 영어 실력이 안 잡혀 있는 아이들에게는 진입 장벽이 높을 수 있습니다. 앞서 언급한 3가지 방법과 더불어 영어 학습을 추가하고 싶거나 부모님이 집에서 영어 원서를 읽어줄 시간이 없을 때는 또 하나의 선택지가 될 수 있습니다. 영어도서관 역시 저마다의 커리큘럼이 있어서 일일이 비교해가면서 선택하는 것이 좋습니다.

그리고, 영어도서관을 다니지 않더라도 아이 수준에 맞는 영어 원서 몇 권 정도는 집에서 꼭 읽히길 권합니다. 아이가 영어 원서에 부담을 느낀다면《킨더타임즈》,《키즈타임즈》등의 영자신문을 활용해도 좋습니다. 이과적 성향인 학생들 가운데서는 영어 원서를 읽는 것만으로는 성취감을 잘 느끼지 못하는 아이들도 종종 있습니다. 문제를 풀고 답을 맞혀나가면서 자연스레 동기부여를 받는 아이들은 문제 풀이가 없는 영어 원서 읽기에 싫증을 느끼기도 하죠. 이러한 성향의 아이라면, 영어 원서 읽기와 함께 문제 풀이를 할 수 있는 리딩 교재를 병행해주셔도 좋습니다. 추천하는 초등 저학년 리딩 교재는《바빠 파닉스 리딩》,《미국교과서 읽는 리딩》이며, 이게 아니더라도 문제 풀이가 있어야 동기부여를 받는 아이들은 리딩 교재를 추가로 병행시켜주는 걸 추천드려요.

유초등 시기에 영어를 흥미 위주로, 또한 언어의 차원으로 접하는 4가지 방법을 알아보았습니다. 이 가운데 어떤 방법을 선택해도 상관이 없어요. 초등 저학년 때 문법과 단어보다 우선시되어야 하는 건 이 4가지 학습 중 아이에게 맞는 방법을 선택하여 '영어를 언어답게 접근하는 기회를 마련해주는 것'입니다.

④ 영단어에서 학습 공백이 생기는 이유

단어, 독해, 문법 등 초등 고학년 때부터 본격적으로 공부하게 될 입시 영어에는 여러 요소가 있지만 그중 제가 가장 중요하게 여기는 건 아무래도 '영단어'입니다. 다른 것들을 아무리 잘해도 영단어에 대한 지식이 부족하면 결국 문법과 독해, 듣기 등에 마이너스 요소로 작용해 버리죠. 그렇기에 늦어도 초등 고학년 때부터는 영단어 암기를 시작하는 것이 좋습니다. 그런데, 초등 때부터 이렇게 영단어 암기에 열을 올리는데도 중고생들의 발목을 잡는 건 아이러니하게도 영단어입니다. 이러한 '영단어' 학습 공백의 원인은 무엇일까요?

보통 영단어를 암기할 때 하나의 뜻만 암기하고 넘어가는 경우가 많습니다. 영단어 암기에 있어 '다의어 암기'는 필수입니다. 다의어는 '하나의 단어에 여러 개의 뜻을 가지는 낱말'이라는 뜻인데요. 가령 'general'이라는 단어는 명사로는 '장군', 형용사로는 '일반적인' 이라는 의미를 지니는데 이 단어의 뜻을 '장군'이라고만 암기하고 있다면 'general hospital'이라는 용어가 나왔을 때 '장군 병원? 국군 병원이라는 뜻인가?'라고 생각할 수 있습니다. 실제로 'general hospital'은 국군 병원이 아니라 일반적인 병원, 즉 피부과나 소아과 등의 특정 과가 아니라 두루두루 다루는 병원이라는 의미에서

'종합병원'이라는 뜻을 가집니다. 결국 'general'이라는 하나의 단어가 가진 2개의 뜻을 모두 알고 있어야 실제 해석을 할 때 혼동하지 않는다는 거죠. 그러나 이를 간과하는 학생들이 많습니다.

학원에서도 많은 학생을 동시에 관리하다 보면 선생님 차원에서 제대로 체크하지 못하는 경우가 생깁니다. 특히 친구들끼리 서로 바꾸어 채점하게 되면 뜻을 1개만 써도 정답으로 처리하는 아찔한 상황이 생기는 거죠. 이렇게 뜻을 1개만 암기하고 넘어간 다의어들이 쌓이게 되면, 초등 때부터 많은 영단어를 암기했음에도 중고등 때 큰 학습 공백이 생기게 됩니다. 여기서 실력 차가 발생하고요. 스펠링 암기와 발음 암기에도 신경을 쓸 필요가 있습니다. 수능 영어 45문제 중 17문제는 여전히 '듣기' 문제로 출제됩니다. 발음을 정확히 암기해두지 않으면 눈으로 볼 때는 구분이 되더라도 귀로 들었을 때는 정확히 어떤 단어인지 파악하기 어려울 수 있습니다. 이를 위해 저는 영단어장 1권을 최소한 '3회독' 하라고 강조합니다.

먼저, 1회독을 할 때는 모든 단어에 대한 스펠링과 뜻 1개를 암기합니다. 그리고 2회독부터는 모든 단어에 대한 스펠링과 뜻 2개와 발음을 암기하고 3회독부터는 1, 2회독 때 체크한 단어와 뜻이 3개 이상인 단어들 위주로 스펠링, 발음, 뜻을 3개 이상 암기해보는 것입니다. 특히 뜻을 암기할 때에는 단순 암기보다는 단어장에 나와 있는 '예문'을 활용해 실제 문장 속에서 그 단어가 어떻게 쓰이는지 확인하며 암기하는 것이 좋습니다.

제가 과외나 강의 등에서 영단어 암기의 중요성을 강조하면, 아이가 암기를 싫어한다며 푸념하는 부모님들을 왕왕 볼 수 있는데요. 초등 전교생에게 암기가 좋은지 물어보면 백이면 백 싫다고 할 겁니다. 네, 암기를 좋아하는 아이는 없습니다. 재미없고, 따분하고, 지루하죠. 수학이 싫어도 수학 개념을 암기하는 것처럼, 국어가 싫어도 기본적인 맞춤법을 공부하는 것처럼, 영단어 암기 역시 '묻지도 따지지도 말고 해야 하는 것'입니다. 암기를 계속해서 거부하는 아이는 사교육으로 강제성과 루틴을 부여해서라도 하게 해야 합니다. 처음부터 잘 외울 필요는 없습니다. 하루에 서너 개라도 괜찮습니다. 저도 최소 3회독은 해야 그나마 암기가 될 정도였으니까요. 아이가 암기를 힘들어해도 처음부터 너무 걱정하지 말고, 잘 이끌어주길 바랍니다.

덧붙이자면 영단어장은 '초등 한정 단어장'보다는 '초중고'를 하나의 시리즈로 엮은 단어장이 좋습니다. 《워드마스터》나 《능률 VOCA》 등 시기별로 단어의 난이도 조절을 알맞게 한 교재가 시중에 많으니 적절하게 활용하길 바랍니다.

⑤ 초등 영문법 및 독해 공부

초등 고학년이 되면 영단어 암기와 함께 영문법 및 독해 공부를 시작하게 됩니다. 학원에 다니며 영문법과 독해 공부를 하는 것도 하나의 방법이 될 수 있으며, 강제성이 부여되는 만큼 부모님의 개입은 줄어들 것입니다. 학원의 루틴에 맞춰 교재 진도를 따라가고, 숙제를 따라가면서 자연스레 공부하게 되는 것이죠. 만약 초등 영문법과 독해 공부를 고학년 때 집에서 할 계획이거나 저학년 때 경험삼아 접하게끔 하고 싶다면 저는 인터넷 강의의 활용을 추천합니다. 인터넷 강의는 〈엘리하이〉나 〈밀크T초등〉과 같은 유료 사이트도 좋지만, 〈EBS 초등사이트〉 내에서 무료로 활용 가능한 〈EBS 기초 영문법1, 2〉나 〈EBS 기초 영독해〉도 좋습니다. 《기적의 영어문장 만들기》, 《초등 영문법 문법이 쓰기다》, 《바빠 초등 영문법》, 《초등영문법 777》 등의 문법 교재를 통한 영문법 공부 역시 추천합니다. 독해는 초등 고학년 때 《리딩튜터 주니어 1》, 《리더스뱅크 Reader's Bank JUNIOR Level 1》부터 시리즈를 차근차근 따라가며 독학해도 좋습니다.

초등 고학년 때의 영문법과 독해 공부는 학원이나 교재, 강의를 활용하는 것이 가장 이상적이며, 이를 아이의 상황에 맞게 잘 활용하면 되겠습니다. 독해는 영어 그림책이나 동화, 영어 원서를 통해서도 실력이 쌓을 수 있으니 영어 원서를 별도로 읽히거나 이를 위한 온라인 영어 원서 프로그램, 영어도서관 형태의 학원도 활용해볼 수 있습니다.

⑥ 중고등 영어 최상위권의 조건

중고등 영어 시험에서는 독해, 단어, 문법과 같은 기본적인 입시 영어 실력이 가장 중요합니다. 이에 대한 공부를 최우선으로 생각해야 하는 것도 맞고요. 그러나 중고등 내신 시험과 수능 시험의 최상위권으로 도약하기 위해서는 이와 더불어 신경 써야 할 것이 있습니다. 내신 시험은 '작문', 수능 시험은 '듣기'입니다. 우선 중고등 내신 시험의 경우 서술형 문제에서 부분 감점을 받으며 성적이 내려가고 등급이 바뀌게 되는 경우가 허다합니다. 그러나 초등 시기에 듣기, 말하기, 읽기, 독해, 단어, 문법 등 다양한 영어 공부를 하면서 정작 '영작' 공부는 안 하는 아이들이 많다는 것을 상담을 통해 알게 되었습니다. 그렇다 보니 서술형 문제에서 자꾸만 실수하게 되고, 중고등 6년간 영어 서술형 문제에 발목을 잡히는 것이죠. 이처럼 초등 시기의 영작 연습은 중요합니다. 《기적의 영어문장 쓰기》나 《초등 영문법 문법이 쓰기다》 등의 교재는 초등생이, 《중학 영문법, 문법이 쓰기다》, 《고등영어, 서술형이 전략이다》 등의 교재는 중학생이 영작 연습을 하기에 좋습니다.

수능의 경우 45문제 중 17문제가 '듣기 문제'입니다. 듣기 문제는 비교적 쉽기에 한 문제도 틀리지 않고 다 맞히는 걸 목표로 둬야 합니다. 듣기 실력을 확실히 다진 학생들은, 실제 시험에서 듣기 문제 사이에 잠깐 여유가 생겼을 때 뒤에 나오는 독해 문제들을 미리 풀면서 시간을 단축하는 전략도 써볼 만합니다. 이를 위해 초등 고학년 때부터 영어 듣기 수준을 조금씩 끌어올리는 것이 좋겠지요. 《초등 영어듣기평가 완벽대비》, 《초등영어 받아쓰기·듣기 10회 모의고사 초등》 등의 교재로 매주 1회라도 좋으니 '듣기'를 병행하길 바랍니다.

⑦ 고등 모의고사 풀이의 시작 시점

중등 수준의 영어 실력으로 고등 모의고사 문제 풀이를 하려는 중학생들이 많습니다. 저는 '고등 영어 모의고사' 문제 풀이 시작 시점을 최소 고1 수준의 문법, 독해, 단어 실력이 완성된 이후로 잡습니다. 여기에는 2가지 이유가 있는데요. 첫째, '문제 풀이'에만 신경을 쓰다가 가장 중요한 본질을 놓칠 수 있습니다. 주변 친구들이 벌써 고등 영어 모의고사를 푼다는 이유만으로, 영어 실력도 제대로 잡히지 않은 상태에서 모의고사를 풀게 되면 시간에 쫓기게 됩니다. 머릿속엔 온통 '시간 내에 빠르게 풀어야 한다'는 생각뿐이죠. 어떤 과목이든 1순위는 속도가 아닌 정확도입니다. 속도는 그다음이고요. 너무 이른 시기부터 속도에 초점을 맞추고 공부하게 되면, 정작 영어 실력을 쌓아야 할 중요한 시기에 정확도를 높이는 공부를 하지 못할 수도 있다는 겁니다.

둘째, 불필요한 좌절감을 느낄 수 있습니다. 중등 수준의 영어 공부를 이제 막 시작하는 중학생들이 자신의 실력 확인을 위해 고등 영어 모의고사에 섣불리 덤볐다가는 예상보다 훨씬 낮은 점수에 좌절할 수 있습니다. 고등 영어 모의고사는 일단 고1 수준의 독해, 문법, 단어 실력을 완성한 후에 '고1 모의고사'부터 풀어보는 것이 좋습니다. 실력이 완성되면 점수는 알아서 따라오기에, 주변 친구들이 미리 푼다고 해서 불안해할 필요가 없다는 거죠. 그리고 이 시기에는 유형별 공부가 더욱 필요합니다. 빈칸추론, 순서배열, 문장삽입을 비롯해서 수능 영어에는 몇 가지 대표적 유형들이 반복적으로 출제되기 때문이죠. 처음 모의고사 공부를 할 때는 45문제가 다 담긴 모의고사 형태보다는《기출정식 고1 영어》,《자이스토리 영어 독해 기본》등과 같이 문제 풀이 방식을 유형별로 설명해주고 이를 적용하고 연습할 수 있는 교재를 먼저 접하길 권합니다. 고등 모의고사가 먼 이야기처럼 느껴질 수 있지만, 빠른 학생들은 중2 때 이미 고1 영어를 끝내고 바로 모의고사 공부를 시작하기도 합니다. 영어 모의고사 공부의 경향이나 추세 정도는 알고 가도 좋을 것 같습니다.

'중학교 졸업 전까지 기본적인 고등 영어를 끝내두어야 한다'는 말은 영어에 관한 가장 흔한 조언 중 하나일 것입니다. 저는 사실 이 조언이 썩 마음에 들지 않았습니다. 초등 학부모들에게 괜히 불안감만 조성하는 말 같았죠. 조급하게 생각해서 좋을 게 없으니까요. 그러나 초중고 12년의 관점에서, 다른 과목의 상황까지 종합적으로 고려해 보면 왜 중학교 졸업 전까지 고등 영어를 끝내라고 하는지 이해가 됩니다. 물론 그때까지 고등 영어를 안 끝내면 큰일이 난다는 얘기는 아닙니다. 그저 상위권 학생들 대부분이 고등 진학 전까지 고등 영어를 끝내고 온다는 것이죠.

그렇다면, 미리 고등 영어를 끝내두는 게 왜 좋을까요? 복잡하게 생각할 것도 없습니다. 고등학생이 되면 영어 말고도 해야 할 게 '너무너무' 많아지기 때문입니다. 중학생 때까지는 메인 과목인 국어, 영어, 수학에 집중할 수 있는 시간이 그나마 확보가 되었습니다. 하지만 고등학생이 되면 일단 과학의 비중이 상당히 커집니다. 과학 공부를 하느라 국, 영, 수 공부 시간을 빼앗길 정도지요. 수행평가에 대한 부담 역시 중등 때보다 커지고, 무엇보다 수능을 함께 준비해야 합니다. 고등 시험부터는 대학 입시에 반영되고 그 중요도가 높아지면서, 영어에 투자할 시간이 넉넉지 않다는 겁니다.

그러니 그나마 여유 있는 중학생 때, 고1~고2 수준의 영어까지는 끝내두는 게 좋다고 볼 수 있습니다. 이를 위해 늦어도 중학교 3학년 때부터는 고등 영어 공부를 시작하는 것이 좋고요. 영어는 수학과 달리 학년의 구분도 크지 않고 어느 정도는 끝이 있는 과목입니다. 고등 진학 전까지 고등 영어를 확실히 공부해두면, 고등학교 시험 기간에 영어를 공부할 시간을 아껴 다른 주요 과목에 더 투자할 수 있게 됩니다. 특히 일반고가 목표라면 무리해서 수학 선행을 고3까지 급하게 나가지 말고, 차라리 수학 선행을 1년 정도만 하고 그 시간에 영어 선행을 고등 수준까지 해두는 걸 추천합니다.

⑧ 초등 토플 공부에 대한 생각

'토플 프라이머리', '토플 주니어' 등 초등 시기의 토플 시험 준비에 대한 저의 의견을 묻는 학부모들이 있습니다. 저는 이러한 토플 공부를 앞서 말씀드린 수학 경시대회 및 영재원과 동일한 관점으로 바라봅니다. 수학 경시대회나 영재원은 수학을 싫어하는 아이들을 수학을 좋아하게끔 만들어주는 곳이 아닙니다. 수학을 좋아하고 잘하는 아이들을 수학에 더 흠뻑 빠져들게 해주죠. 동기부여의 차원이 아니라면 경시대회와 영재원에 무리해서 도전하지 말고, 차라리 그 시간에 교과 공부에 집중하는 편이 더 낫다고 앞서 얘기했는데요. 초등 시기의 토플 공부 역시 마찬가지입니다. 초등 시기의 토플 공부는 '필수'가 아닙니다. 아이가 영어를 싫어한다면 토플과 같은 시험으로 불필요한 부담을 가중하기보다는 차라리 초등 수준에 맞는 기본 영어 공부를 '제대로' 하는 것이 훨씬 많은 도움이 됩니다.

영어를 잘하고 좋아한다면, 혹은 '시험'이라는 목표가 있어야 열심히 공부하는 성향이라면 '토플 프라이머리', '토플 주니어' 등의 시험을 목표로 두고 영어의 기본기를 다져나가도 좋습니다. 그리고 아이의 영어 수준을 객관적인 시험으로 점검해보고 싶거나 단원평가 점수에 안주하지 않고 영어에 대한 새로운 자극을 받기 원한다면 1년에 한두 번 정도는 경험하게 해주어도 좋은 동기부여가 될 것입니다. 토플 공부를 해야만 초등 영어를 마스터할 수 있는 것은 아닙니다. 그리고 입시 영어와 토플 시험은 결이 다르기도 하죠. 다만 토플 형태의 시험을 공부하는 과정과 직접 경험하는 과정에서 얻을 수 있는 것도 분명히 있기에, 아이의 현재 수준과 상황에 맞게 적절히 활용하면 되겠습니다.

⑨ 예비 초등 영어 공부

예비 초등 시기에는 영어를 흥미 위주로 접하고, 하나의 언어로 받아들이는 연습이 중요합니다. 입시에 초점을 두지 않은, 자연스러운 학습인 거죠. 앞서 소개한 4가지 방법(화상영어, 회화학원, 엄마표, 영어도서관) 중 아이에게 적합한 방법을 이 시기에도 활용할 수 있습니다. 특히 집에서 영어 원서 및 영어 영상에 대한 '노출 경험'을 쌓아 주는 것을 1순위로 생각해주세요. 또한 이 시기에는 기본적인 파닉스 공부도 해두는 것이 좋습니다. 문법, 독해와 같은 공부는 초등 고학년 때 해도 되지만 기본적인 파닉스 정도는 학습해둘 필요가 있다는 거죠.

일단 《재미있고 빠른 알파벳 쓰기》, 〈하루 한장 초등 영어 파닉스+발음기호》 등을 통해 시작할 수 있는데요. 알파벳을 아이가 직접 따라 쓰게 하면서 알파벳 쓰기에 익숙해질 수 있도록 도와주면 됩니다. 《바빠 초등 파닉스 리딩》과 같은 응용 교재는 파닉스에 대한 복습과 더불어 확장해나가는 공부까지 진행할 수 있으니 적절히 활용해주세요. 이렇게 알파벳 쓰기 교재와 응용 교재를 나누셔도 좋고, 한 권의 교재로 알파벳 쓰기부터 리딩 연습까지 진행 가능한 《기적의 파닉스》 시리즈를 활용해보셔도 좋습니다. 예비 초등 시기에는 이러한 기본적인 파닉스 공부와 함께 영어에 대한 흥미만 심어줘도 반은 성공입니다.

6세~7세 때 단어장을 암기할 필요는 없지만, 단어 암기를 미리 해두고 싶다면 '사이트 워드(sight words)' 정도는 접해보셔도 좋습니다. 사이트 워드란 보자마자 한눈에 바로 읽어야 하는 단어들을 뜻합니다. 읽는 방식이 파닉스 규칙에서 벗어나기 때문에, 따로 익혀두면 글을 좀 더 빠르고 자연스럽게 읽을 수 있어요. 추천하는 사이트 워드 학습 교재는 《기적의 사이트 워드》, 《하루 한장 English BITE 사이트 워드》이며, 이 교재가 아니더라도 아이의 취향에 맞는 교재를 자유롭게 선택해 학습해두는 걸 권장합니다.

⑩ 예비 중1 영어 공부

예비 중1 시기라고 해서 중등 영어 교과서를 미리 넘겨보며 예습할 필요는 없습니다. 교과서 예습보다는 기본기를 계속해서 다져주는 것이 훨씬 좋죠. 계속해서 중등 수준의 문법과 독해 공부를 병행하면서 기본기를 탄탄히 다지고, 단어장을 활용한 암기 역시 꾸준히 진행해 나가면 됩니다. 중등 영문법은 《중학영문법 3800제 스타터》로 시작하는 걸 추천하고, 《EBS 기초 영문법 1, 2》도 중등 입문용으로 좋습니다. 독해는 《중학 영어 구문이 독해다》, 《리더스뱅크》, 《천일문 STARTER》 등의 교재를 활용하시면 됩니다. 만약 아이가 듣기와 영작이 약하다면 앞서 언급한 교재들을 활용하면서 이에 대한 공부도 틈틈이 병행해야 합니다. 초등 6년 동안 영어를 공부하면서 학습 공백이 생기지는 않았는지 한 번쯤 확인할 필요도 있고요. 한국교육과정평가원 사이트에서 초졸 검정고시 시험지와 답지를 무료로 출력할 수 있으니 3개년 정도를 풀려보는 것도 좋겠습니다.

초졸 검정고시는 국어, 수학 예비 중1 학습법에서 언급한 것과 마찬가지로 초등 6년 동안 공부한 내용이 최소한으로 담겨 있기에, 이를 통해 6년 동안의 영어 공부에 있어 공백의 유무를 파악할 수 있습니다. 더불어 예비 중1 겨울방학 때 어떤 공부를 추가로 해야 하는지도 파악할 수 있으니 여러모로 활용도가 높아요. 특히 초등 고학년 기간에 암기했던 영단어장은 예비 중1 겨울방학 때 한 번 더 넘겨보며, 그동안 어렵다고 체크해둔 단어 위주로 암기하는 것이 좋습니다. 확실히 점검해서 나쁠 건 없으니까요. 예비 중1이라고 해서 특별히 다른 것을 할 필요는 없고, 초등 고학년 때 하던 대로 기본 영어 실력만 탄탄히 다져나갈 수 있게 이끌어주세요.

3-4

기타 과목: 초등 사회, 초등 과학, 초등 역사

① 사회와 과학이 가는 길

초등학교 3학년부터 학교에서 사회와 과학을 배우기 시작합니다. 이때까지만 해도 사회와 과학은 국어, 영어, 수학이라는 메인 과목의 후광에 가려져 '기타 과목' 취급을 받습니다. 그러나 중고등 시기가 되면 사회와 과학이 가는 길은 명확히 달라집니다. 사회 경시대회, 사회 영재원, 사회 심화, 사회 선행 같은 말을 들어본 적이 있나요? 거의 없을 겁니다. 전반적으로 선행을 많이 나가는 분위기라고 할지라도 초등학교 4학년 아이가 "저는 벌써 고등 사회 내용에 대한 선행을 다 끝냈어요!"라고 말하는 건 들어본 적 없을 테죠. 사회는 100% 암기 과목입니다. 쉽게 말해 중학교 사회는 미리 공부할 필요 없이 중학생 때 암기하면 되는 것이고, 고등학교 사회 또한 미리 공부할 필요 없이 고등학생 때 암기하면 되는 것입니다.

하지만 과학은 다릅니다. 과학 경시대회, 과학 영재원, 과학 심화, 과학 선행과 같은 용어가 흔하게 쓰입니다. 사회의 방향성과는 확연히 다르다는 것입니다. 과학은 암기가 100%인 과목이 아니며, '이해'를 필요로 합니다. 중학생이 되면 내용 자체도 많이 어려워지고요. 특히 고등학생 때는 과학 공부를 하느라 국어, 영어, 수학 공부를 할 시간이 부족할 정도니 과학이 차지하는 비중이 어느 정도인지 실감할 수 있을 것입니다. 중고등 과학은 초등 과학처럼 기타 과목으로 분류되는 만만한 과목이 아닙니다. 초등 시기에 사회와 과학이 모두 '기타 과목'으로 분류된다고 해서 앞으로도 그럴 거라 여기면 안 된다는 겁니다. 사회와 과학은 방향성이 다르다는 걸 꼭 명심하세요.

② 초등 과학 공부

중고등 과학은 초등보다 월등히 어렵기에, 이 어려운 과학을 잘 소화해내기 위해서는 초등 과학 공부의 1순위를 '흥미'로 잡아야 합니다. 이러한 역할을 해주는 건 다름 아닌 학습만화인데요. 《내일은 실험왕》, 《흔한남매 과학 탐험대》, 《놓치마 과학!》, 《슈뻘맨의 숨은 과학 찾기》, 《물리학자 김상욱의 수상한 연구실》 등의 학습만화는 낯설고 추상적으로 느껴질 수 있는 과학의 문턱을 낮춰줄 수 있습니다. 《어린이 과학동아》, 《과학소년》 같은 과학 잡지 역시 학습만화처럼 과학에 대한 흥미를 심어주며, 특히 줄글 책으로 넘어가는 시기에 학습만화에 대한 의존도를 낮춰주는 중요한 역할을 합니다. 이러한 흥미 측면에서 《내일은 실험왕》에 동봉된 '실험 키트'를 활용하거나 방과후 교실을 통한 과학 실험 수업에 참여해도 좋습니다. 실험을 통해 직접 손으로 감각을 느끼게 되면, 눈으로만 볼 때보다 과학에 대한 흥미가 한층 더 살아나게 되니까요.

개인적으로 초등 때는 과학 학원에 다닐 필요가 없다고 생각하는데요. 만약 아이를 과학 학원에 꼭 보낼 생각이라면 '과학 실험' 학원을 추천합니다. 어쨌거나 과학에 대한 선행보다는 흥미가 우선이기 때문입니다. 직접 실험할 수 없는 환경이라면 〈EBS 초등사이트〉의 '달그락 달그락 교과서 실험실' 같은 과학 실험 영상이나 '과학할고양' 등의 과학 영상 자료를 활용해도 좋습니다. 아니면 《그래비티》, 《마션》, 《잃어버린 세계를 찾아서》, 《2012》, 《더 문》 같은 과학 영화를 아이와 함께 보거나 '꾸그' 사이트에 있는 다양한 초등 온라인 강의를 활용해봐도 좋습니다.

아시다시피 초등 과학은 중등 과학과 연계됩니다. 초등 과학이 아무리 기타 과목으로 분류된다고 해도, 기본적인 개념 공부만큼은 제대로 해둘 필요가 있습니다. 초등 과학 공부를 '교과서'만 몇 번 보고 넘어가는 식으로 해서는 안 된다는 거죠. 물론 교과서가 1순위이고 교과서 위주로 공부해야 하는 건 맞지만, 실제로 문제를 풀어보면서 암기한 내용을 점검하고 보완하는 과정도 중요합니다. 이렇게 문제를 풀면서 자연스럽게 개념 암기를 하게 되는 경우도 적지 않기 때문이에요.

만약 아이가 계속 과학 단원평가에서 실수하거나 초등 과학을 어려워한다면 교과서만 보게 하는 것보다 《우등생 해법 과학》, 《오투 초등과학》, 《EBS 만점왕 과학》 등의 개념서 1권 정도는 학교 진도에 맞춰 단원별로 제대로 풀고 넘어가는 게 좋습니다. 좀 더 욕심을 낸다면 개념서 두 권보다는, 개념서 한 권과 함께 과학 교과 내용과 문해력을 연결 지어 학습할 수 있는 《과학도 독해가 먼저다》, 《초등 과학 진짜 문해력》 중 하나의 교재를 병행하는 걸 추천드립니다. 만약 이렇게 총 2권의 교재를 병행할 수 없다면 학기 중에서는 개념서 1권이라도 제대로 끝내는 것을 목표로 하고, 방학 때 '지난 학기 복습용' 또는 '다음 학기 예습용'으로 《과학도 독해가 먼저다》 또는 《초등 과학 진짜 문해력》 교재를 활용하면 되겠습니다.

교과서만 보게 되면 아이 스스로 개념 암기가 되었는지 확신하기 어렵고, 교과서를 읽을 때는 이해가 다 된 부분도 막상 단원평가에서는 자꾸 놓치게 됩니다. 개념 공백이 생기는 것이죠. 그러니 아이가 문제집에 부담을 느끼지 않게, 개념 점검과 보완의 용도로 생각할 수 있게 해주세요.

③ 초등 사회 공부

유독 사회를 어려워하는 초등생들이 많습니다. 암기가 귀찮은 데다가 사회 공부에 들이는 시간이 다른 과목에 비해 현저히 적기 때문이지요. 그러다 보니 단원평가 성적도 좋지 않습니다. 초등 사회가 아무리 쉽다고 해도 중등 사회와 연계가 되고, 특히 암기 과목 특성상 시간을 투자하지 않으면 안 됩니다. 암기를 위해서는 교과서를 여러 번 보는 것도 물론 좋지만, 교과서를 계속 들여다보고 있으면 암기가 다 된 것 같은 착각이 들 수도 있습니다. 많은 학생이 암기를 그저 '머리에 입력만 하면 되는 것'으로 여기는데요. 이렇게 '입력'으로만 끝나는 공부가 반복되면 단기 암기 위주의 형태로 굳어지게 됩니다. 결국, '출력'이 필요하다는 얘기인데요. 개념을 올바로 암기했는지 문제집을 풀어보며 확인할 필요가 있다는 것이죠.

'암기'는 단순히 개념만 읽고 외우는 것이 아닙니다. 문제를 풀어보는 것도 암기의 한 부분이라는 거예요. 문제를 푸는 과정에서 개념을 점검하고, 암기했던 내용을 다시 떠올려보면서 온전히 자신의 것으로 만드는 거죠. 사회뿐만 아니라 어떤 과목을 공부하든 암기는 '입력'과 '출력'이 모두 필요합니다. 그러니 초등 사회도 교과서만 보게 하는 것보다 《우등생 해법 사회》, 《한끝 초등 사회》, 《EBS 만점왕》 등의 개념서 1권 정도는 단원별로 확실히 풀고 넘어가는 것이 좋겠습니다. 과학과 마찬가지로 학기 중에는 개념서 1권을 제대로 끝내는 것을 목표로 하고, 방학 때 '지난 학기 복습용' 혹은 '다음 학기 예습용'으로 《사회도 독해가 먼저다》, 《초등 사회 진짜 문해력》 교재를 활용하면 되겠습니다.

사회는 결국 세상의 이야기를 폭넓게 다루는 과목입니다. 초등 때부터 시사 상식을 조금씩 쌓아두는 게 유리하지요. 그렇기에 《위즈키즈》, 《시사원정대》, 《초등 독서평설》과 같은 초등 시사 잡지나 《초등 첫 문해력 신문》, 《아홉 살에 시작하는 똑똑한 초등신문》, 《중등 필독 신문》과 같은 '신문 베이스'의 책을 활용하는 것이 좋습니다. 학기 중에 시간이 없다면 방학 때만큼이라도 이러한 신문 베이스의 책 1권을 끝내는 걸 목표로 이끌어주시면 좋겠습니다.

④ 초등 역사 공부

5학년 2학기가 되면 학교에서 한국사를 배우기 시작합니다. 한국사 공부의 첫 시작은《설민석의 한국사 대모험》,《용선생 만화 한국사》와 같은 학습만화 교재를 통하는 게 좋습니다. 한국사의 진입 장벽을 확실하게 낮출 수 있거든요. 세계사의 시작도《보물찾기 시리즈》,《설민석의 세계사 대모험》,《Go Go 카카오프렌즈》 같은 교재와 함께하면 됩니다. 그다음은 줄글 형태의 책이 될 텐데요. 여기서는 크게 '시험이라는 목표가 확실해야 열심히 공부하는 성향'과 '시험이라는 목표가 생기면 부담을 느끼고 공부를 회피하는 성향'으로 나뉩니다. 아이가 시험을 목표로 공부하는 걸 좋아한다면《큰별쌤과 재미있게 공부하는 초등 한국사능력검정시험》 등의 교재를 활용한 '한국사능력검정시험 대비 형태'의 공부가 더 잘 맞을 것이고, 만약 그 반대라면《용선생 처음 한국사》,《EBS 매일 쉬운 스토리 한국사》 정도의 입문용 문제 풀이 교재로 시작하셔도 좋습니다.

한국사 수업이 본격적으로 시작되면《용선생 교과서 한국사》 또는《EBS 스토리 한국사》를 메인 교재로 두고 교과서와 함께 개념 공부를 병행하는 걸 추천합니다. 그리고 앞서 소개한《과학도 독해가 먼저다》,《사회도 독해가 먼저다》처럼 한국사 역시 문해력과 연관 지어 공부하고 싶다면《용선생 15분 한국사 독해》,《뿌리깊은 초등국어 독해력 한국사》를 활용하면 됩니다. 한국사는 특히 역사 영화의 활용도가 높은데요. 12세 관람가 중에서는《한산: 용의 출현》,《말모이》,《스윙키즈》,《1947 보스톤》 등을 추천하며, 이 외에도 다양한 역사 영화를 아이와 함께 봤으면 합니다. 한국사는 '흐름'이 중요하기에《EBS 초등학생을 위한 多(다) 담은 한국사 연표》,《그림으로 보는 한국사 연표》 등의 교재를 한 권 구매해두고 연표와 비교하며 공부하는 게 좋습니다. 흐름을 파악하는 데 많은 도움이 될 거예요.

역사 공부에 있어 한 가지 조언을 더 드리자면 '한국사와 세계사를 병행하는 공부'는 아이에게 시키지 않았으면 좋겠습니다. 세계사라는 과목은 굉장히 방대한 내용을 담고 있고, 특히 한국사 공부를 통해서 역사를 바라보는 시야가 잘 정립되어 있어야 좀 더 수월하게 세계사 공부까지 이어나갈 수 있습니다. 그런데 마음이 급해서 한국사랑 세계사를 병행하다 보면 둘 중 어느 하나에 집중하지 못하고 오히려 둘 다 애매해지는 경우가 생길 수 있어요. 그러니 학습만화를 읽더라도 세계사만 읽지 말고, 우선 한국사 학습만화를 먼저 접하고 그 후에 세계사 학습만화를 읽었으면 좋겠습니다. 문제집 풀이 역시 한국사 문제집을 풀어본 뒤에 어느 정도 적응되면 세계사 문제집으로 넘어갔으면 하는 바람입니다.

⑤ 기타 과목 시간 분배 방법

초등학교 3학년부터 사회와 과학을 학교에서 배우기 시작하는데요. 매일매일 국어, 영어, 수학, 사회, 과학을 모두 소화하는 건 아이에게 쉽지 않은 일입니다. 어쩌면 사회, 과학 공부가 국영수 공부에 방해가 될 수도 있습니다. 그래서 초3 때 사회와 과학이 시작되면, 저는 사회와 과학의 '격일 공부'를 추천합니다. 이 두 과목을 매일 공부할 필요는 없으니까요. 예컨대 월요일은 사회 30분, 화요일은 과학 30분, 다시 수요일은 사회 30분, 목요일은 과학 30분, 이런 식으로 번갈아 가며 공부하는 것입니다. 만약 격일이 부담되면 일주일간 배운 내용에 대해 주말에 몰아서 개념 복습을 하고 문제 풀이를 하는 것도 좋습니다. 사회와 과학은 매일 할 필요가 없고, 매일 할 시간적 여유도 없기에 부담은 갖지 마시고요.

초등 사회와 과학은 모두 암기가 중요한 과목입니다. 매주 주말 하루 정도는 진도를 나가지 말고, 일주일 동안 공부한 내용을 천천히 넘겨보면서 개념도 다시 암기하고 틀렸던 문제를 다시 풀어보는 시간을 가지면 좋겠습니다. 무엇보다 암기 과목은 '나중에 몰아서 암기할 생각'을 버려야 합니다. 암기 실력이 약한 학생이라면 더더욱 말이죠. 평소에 암기하는 습관을 형성해둬야 나중에 발등에 불이 떨어질 일이 없습니다. 천재가 아닌 이상 그 많은 분량을 하루아침에 외울 수는 없는 노릇이니까요.

그리고 5학년 2학기 때 한국사가 시작되면 평일에는 학교 수업에만 열심히 집중하고, 배운 내용의 복습은 주말을 이용하는 것이 좋습니다. 교과서와 더불어 문제집을 풀어보며 제대로 알고 있는지 확인하는 차원이죠. 결국, 한국사까지 평일에 공부하려 한다면 정말 바쁘고 여유가 없어지기에 한국사만큼은 평일과 주말의 시간을 잘 분배해서 활용해주세요.

⑥ 예비 초등 기타 과목 공부

예비 초등 시기에 사회, 과학, 한국사 공부는 사실 중요하지 않고, 안 해도 상관없습니다. 그 시간을 수학과 영어에 더 투자하는 게 좋습니다. 사회, 과학, 한국사 분야는 예비 초등 시기에 '관련 분야 독서'를 통해 자연스럽게 접하는 정도로 활용해주시면 됩니다. 한국사의 경우, 만약 예비 초등 때 책을 읽히고 싶다고 하면, 《천개의바람 첫역사 그림책》, 《아우라 한국사》 등의 전집을 추천합니다. 과학은 《내 친구 과학공룡》, 《아람 과학특공대》, 《다독다독 과학》과 같은 전집을 초등 입학 전에 미리 접하게 해주셔도 좋고, 7세~초등 저학년 때는 《꼬마 과학뒤집기》를 읽혀보셔도 좋습니다. 사회는 《독서평설 첫걸음》, 《초등 첫 문해력 신문》과 같은 잡지와 신문 형태, 과학은

《슈뻘맨의 숨은 과학 찾기》, 《흔한 남매 과학 탐험대》와 같은 학습 만화 형태, 한국사 역시 《용선생 만화 한국사》, 《설민석의 한국사 대모험》과 같은 학습만화 형태를 함께 활용해보면 되겠습니다.

⑦ 예비 중1 기타 과목 공부

5학년이든 6학년이든 이미 초등 과학을 다 끝낸 아이라면 중등 과학을 선행해도 됩니다. 특히 과학고가 목표라면 선행에 박차를 가해도 좋습니다. 실제로 과학고에 진학하는 학생들은 중등 때 고등 수준의 과학 공부가 끝나 있는 경우가 많습니다. 이는 이해를 바탕으로 차근차근 제대로 공부해도 좋다는 뜻이지, 결코 급하게 진도를 빼라는 뜻이 아닙니다. 중등 과학 선행을 할 때는 학원을 활용할 수도 있지만 《완자 중등 과학》, 《오투 중학 과학》과 같은 시리즈 개념서로 혼자 공부해도 됩니다.

만약 EBS 중등 무료 강의를 활용하고 싶다면 《EBS 중학 뉴런 과학》 교재도 하나의 선택지가 될 수 있습니다. 초등에서 중등으로 넘어가면서 과학 용어가 많이 어려워지기에 중학교 진학 전까지 《뭔 말 과학 용어 200》 등의 교재를 활용해 중등 과학 용어를 확실히 끝내두는 것도 좋습니다. 용어를 많이 알고 있으면 자신감도 올라가고 공부 방향성을 잡는 데에도 많은 도움이 될 테니까요.

사회는 선행을 거의 할 필요가 없습니다. 만약 한다고 해도, 《완자 중등 사회》 같은 개념서로 한 학기 정도 예습한다는 느낌으로 하면 되죠. 《EBS 중학 뉴런 사회》 교재를 사서 EBS 중등 무료 인강을 들어도 좋습니다. 특히 저는 중학생이 되어서도 《중학 독서평설》을 계속 읽으며 시사 상식을 쌓았는데요. 예비 중1이 되면 《초등 독서평설》을 끝내고 이어서 읽으면 됩니다. 사회와 과학 모두 앞서 언급한 다른 과목들처럼 한국교육과정평가원 사이트에서 초졸 검정고시 문제지를 다운로드해 3개년 정도 풀게 하면 됩니다. 초등 6년 동안 사회와 과학에 관한 아이의 학습 공백 또한 점검하시고요.

초등 때 배운 한국사, 세계사 용어는 《큰별쌤 최태성의 스토리 한국사 사전》, 《뭔말 역사용어 150》 등의 교재로 한 번 더 제대로 짚고 가는 것이 좋습니다. 중학교 1학년이 되면 《완자 중등 역사》와 같은 개념서를 미리 풀어보거나, 《EBS 중학 뉴런 역사》와 관련한 EBS 중등 무료 인강을 통해 역사 예습을 해도 많은 도움이 될 거예요.

3-5

초등 예체능

① 예체능의 중요성

초등 시기에는 예체능과 관련된 다양한 경험을 하게 됩니다. 미술, 체육, 음악 등 다양한 분야의 예체능을 초등 시기에 접하게 되면 '건강'의 측면에서도 많은 도움이 됩니다. 사실 공부를 아무리 잘해도 몸과 마음이 건강하지 않으면 아무런 의미가 없어요. 공부의 최종 목표는 원하는 목표를 이뤄 '행복한 삶'을 사는 것이고, 그 목표를 위해서는 건강이 1순위입니다. 중고등학생이 되면 정말 앉아서 공부만 하기에도 바쁜 나날을 보내게 될 텐데요. 그나마 여유가 있는 초등 시기에 예체능 활동을 통해 몸과 마음의 건강을 미리 단련

해두는 것이 좋습니다.

이는 중고등 예체능 수행평가에도 장점으로 작용합니다. 특히 요즘은 이과라고 해서 수학, 과학만 잘하고 문과라고 해서 사회, 영어만 열심히 하지 않습니다. 두루두루 잘하는 학생이 더 좋은 평가를 받으며, 그만큼 '통합 역량'이 강조되는 추세입니다. 예체능 역시 그러한 측면에서 꼭 필요한 능력이고요. 예체능의 가장 중요한 역할은 다름 아닌 '성취 경험'입니다. 예체능 활동을 통해 '노력하면 해낼 수 있다'라는 성취 경험이 쌓이게 되면, 학업에까지 좋은 영향을 줄 수 있습니다. 이미 예체능 분야에서 노력의 중요성과 성취감을 맛본 아이는 공부를 할 때도 그 가치를 믿고 임하게 됩니다. 힘들고 지쳐 포기하고 싶을 때, 끝까지 해낼 힘이 생긴다는 뜻이죠. 저 같은 경우도 6살 때 태권도를 시작해서 초등학교 3학년 때 3품까지 땄고, 이 과정에서 '노력하면 성과를 이룰 수 있다'라는 중요한 사실을 몸소 느낄 수 있었습니다. 이러한 태도가 학업에도 반영되었고요.

초등 아이들에게 공부로써 성취 경험을 쌓아주는 것도 좋지만, 흥미롭고 다채로운 예체능 활동을 통해 성취 경험을 미리 접할 수 있게 해준다면 더 좋을 거예요. 공부 집중력의 기본은 뭐니 뭐니 해도 '체력'입니다. 체력이 뒷받침되지 않으면 집중력을 높이는 데 한계가 있지요. 더불어 초등 시기의 소아 비만을 예방하고, 건강한 신체를 유지하는 데에도 예체능이 큰 역할을 해줄 것입니다.

② 예체능 학원에 대한 생각

예체능 활동은 부모님이 직접 도와줄 수도 있고, 학원을 활용할 수도 있습니다. 이왕이면 별도의 지출 없이 아이와 함께 할 수 있는 활동들이 좋겠죠. 축구, 피아노, 줄넘기, 배드민턴, 그림 그리기 등 그 종류는 무궁무진하답니다. 그런데 만약 맞벌이 부부라면 어떨까요? 퇴근 후 공부를 봐주는 것만으로도 벅찰 겁니다. 예체능까지 챙기려면 주말에나 겨우 시간을 좀 낼 수 있을 테고, 그마저 오래가지는 못할 겁니다.

'예체능 학원'을 사교육 중독이라 말하며 부정적으로 보는 시선도 있습니다. 자신의 편안함을 위해 예체능마저도 돈으로 해결하려 하는 이기적인 부모로 몰아가면서 말이죠. 저는 이 말을 처음 들었을 때 매우 언짢았습니다. 현실적으로 예체능을 집에서 봐주기 힘든 경우가 많고, 예체능도 결국 습관이고 루틴이기 때문입니다. 학원이라는 수단을 통해 매주 정해진 요일에 꾸준히 학원에 가면서 습관을 만들어나갈 수 있고, 이러한 습관은 공부에도 분명 좋은 영향을 미칩니다. 꼭 맞벌이 부부가 아니더라도 아이가 '이왕 예체능을 하는 거 좀 더 체계적으로 배웠으면 좋겠고, 좀 더 다양한 아이들과 함께 배웠으면 하는 마음'으로 예체능 학원에 보낼 수도 있죠. 학원에서 친구들과 함께 배우고 어울리는 가운데 좋은 영향을 받을 수 있으며, 예체능의 시작을 체계적인 커리큘럼과 함께할 수 있다는 장점을 완전히 무시할 수는 없습니다.

사교육비 절감과 아이와의 관계를 강화하는 측면에서는 집에서 예체능을 함께 하는 게 가장 좋겠지만, 현실적인 이유 등으로 아이를 예체능 학원에 보내야 하는 상황이 생길 수도 있습니다. 그때는 죄책감을 느끼거나 걱정할 필요가 전혀 없습니다. 저 역시도 태권도, 탁구, 미술, 피아노 등 예체능을 배울 때는 학원을 통했고 전문적인 수업을 듣다 보니 실력도 빠르게 키울 수 있었죠. 또한 그 덕에 노력을 통한 성취 경험도 비교적 일찍 할 수 있었고, 결론적으로 이러한 경험들이 공부에도 많은 도움이 되었습니다.

③ 예체능의 두 가지 유형

초등 시기의 예체능은 크게 '개인 예체능'과 '단체 예체능'으로 나눌 수 있습니다. 개인 예체능의 대표 격인 미술과 악기는 대개 친구들과 소통하지 않고, 혼자서 차분하게 하는 활동입니다. 이 둘은 단기간에 끝낼 수 있는 분야가 아니기에 집중력과 끈기 향상에 많은 도움이 됩니다. 만약 아이가 좀 더 차분해지길 원하고, 엉덩이 힘이 부족하다고 느낀다면 혼자서 할 수 있는 미술, 악기 등의 예체능을 추천합니다.

태권도, 농구, 축구, 수영 등의 체육 관련 예체능은 단체 예체능을 대표하는데요. 친구들과 함께 어울려 하나의 종목을 배우게 되면 관계 형성 및 협동심, 적응력 등을 키울 수 있습니다. 특히 체육 예체능은 이 시기의 아이들에게 경쟁심을 심어주기도 해요. 물론 과도한 경쟁심은 역효과를 불러올 수 있지만, 중고등 공부를 잘하기 위해서는 어느 정도의 경쟁심, 욕심이 있어야 합니다. 남들보다 더 좋은 성적을 받고 싶은 마음이 스스로 공부하게 만들고, 그것이 좋은 결과로 이어지는 것이죠. 그러니 아이가 유독 소극적인 모습을 보인다면, 단체 예체능을 활용해 조금 더 씩씩하고 진취적인 자세를 가질 수 있게 해주세요. 활동에 자신감이 생기면 공부에도 긍정적인 영향을 줄 테니까요.

④ 예체능 선택의 기준

이렇게 예체능의 종류가 다양하다 보니 아이에게 무엇을 시켜야 할지 고민이 될 겁니다. 여기서 가장 중요한 건 '아이의 마음'인데요. 예체능은 중요하지만 그렇다고 필수는 아니기에 아이가 원하는 것을 우선적으로 고려해주세요. 아이가 스스로 흥미를 느끼는 분야여야 어느 정도의 성과와 성취를 낼 수 있기 때문이죠. 그러니 예체능에 관한 결정을 내릴 때는 그 분야의 장단점을 살피기 전에 아이가 무엇을 원하는지 먼저 살피길 바랍니다.

예체능 학원을 보낼 때 한 번에 여러 학원에 보내는 건 그리 추천하지 않습니다. 예체능은 공부가 아니지만, 한 번에 여러 개를 시작하면 부모와 아이 모두에게 부담이 되고 어느 하나에 집중하기가 어렵습니다. 만약 여러 개를 시켜보고 싶다면 최소한 3개월 이상의 간격을 두고, 하나의 예체능에 적응한 이후에 다른 예체능을 추가로 넣는 게 바람직합니다. 어차피 예체능 학원을 보낼 계획이라면 아이가 좋아하는 예체능은 학원에서 배우게 해주고, 싫어하는 예체능은 아예 안 시키거나 집에서 조금씩 해나가는 게 훨씬 효율적이라는 걸 기억하세요.

학원에 보내면 적지 않은 돈이 들어가고, 아이가 열심히 따라가려고 스스로 노력해야 그 효과를 볼 수 있어요. 아이가 싫어하는 예체능 학원에 보내면, 그것만큼 무의미한 낭비는 없을 겁니다. 저 같은 경우 미술 학원에 잠깐 다녔는데, 그림 그리는 걸 싫어해서 매번 주제에 맞지 않는 자동차 그림만 그리다가 3개월 만에 그만두었던 기억이 있습니다. 이렇듯 아이가 미술을 싫어한다면 차라리 집에서 간단한 미술책으로 그림 그리기 놀이를 하는 것이 더 훌륭한 선택지가 될 수 있습니다. 그리고 아이에게 친한 친구가 있다면, 그 친구와 함께 예체능 학원에 다니는 것도 좋은 방법입니다. 예체능 학원에 처음 가면 아이들 대부분이 낯설어하는데요. 친한 친구와 함께라면 그만큼 적응도 빠를 테고, 적응이 빠르면 얻을 수 있는 것도 더 많아질 거예요.

일반적으로 제가 추천하는 예체능은 운동 1개, 악기 1개이며 미술 역시 미리 배워둔다면 중고등 수행평가에 도움이 될 거예요. 운동을 좋아하는 아이라면 태권도, 수영 등을 병행해도 좋으나 운동만 3개 이상을 시키는 건 그리 바람직하지 않습니다. 다양한 분야를 접하고 경험할수록 아이의 감각과 정서 발달에 이롭다는 걸 잊지 마세요.

⑤ 예체능, 언제까지 시켜야 할까?

초등 저학년 때는 다양한 예체능을 접하다가 초등 고학년이 되었다는 이유만으로 그동안 하던 두어 개 이상의 예체능을 한 번에 정리해버리는 경우가 많습니다. 초등 고학년이 되면서 교과 내용이 어려워지고 해야 할 공부, 다녀야 할 학원이 많아지기 때문이죠. 그러다 보니 부모님 입장에서는 쉽게 포기할 수 있는 게 예체능밖에 없고, 예체능을 줄이지 않으면 다른 공부에 지장이 생길 거라는 우려를 하게 됩니다. 그렇다고 해도 저는 한 번에 예체능을 확 끊어버리는 건 좋은 선택이 아니라고 생각합니다. 아이의 정서를 위해서라면 더욱 그러하죠. 어른들도 상황이 한순간에 뒤바뀌면 그것에 적응하는 데 꽤 많은 시간이 필요하고 때로는 방황하기도 하는데, 아이들은 오죽할까요.

학업이 바빠진다는 이유만으로 예체능 학원들을 한 번에 다 끊어버리면 아이들은 혼란스러워할 겁니다. 그러니 아이와 충분히 대화하면서, 예체능을 왜 줄여야 하는지 먼저 설명해주세요. 아이와 함께 예체능의 우선순위를 정한 뒤, 3개월~6개월 간격으로 하나씩 서서히 줄여나가도 늦지 않습니다. 저는 초등학교 졸업할 때까지 예체능 1개 정도는 계속 시켜달라고 학부모님들께 권합니다. 거듭 얘기하지만, 중고등학생이 되면 정말 바쁩니다. 그만큼 휴식 시간도 줄어들고요. 그 짧은 휴식 시간에 머리를 식히고 스트레스를 풀 수 있는 분야가 하나쯤은 있어야 한다는 것이죠. 이것을 '취미'라고 부를 수도 있겠는데요. 아이의 취미는 보통 초등 시기의 예체능에 기반하는 경우가 많습니다.

그런즉, 아이가 좋아하는 예체능 하나만큼은(아이가 원한다면) 초등 졸업 때까지 꾸준히 시켜주었으면 합니다. 예컨대 매일 풀던 문제집들을 '격일로 배치'하여 하루에 풀 문제집 양을 줄여서라도 예체능 하나만큼은 초등 졸업 때까지 '주 1회' 정도는 할 수 있게 해주세요. 그 하나의 예체능이 아이가 중고등학생이 되었을 때 '공부를 포기하지 않게 만드는 동력'이 될 수도 있어요. 그리고 이 동력은 아이의 소중한 자산이 되어줄 겁니다.

3-6

초등 시기 공부 동기부여에 대한 조언

① 공부 동기부여의 중요성

초등 때의 공부 동기부여는 필수가 아닙니다. 중고등학생이 되어서 받아도 늦지 않습니다. 초등 때는 공부 동기부여보다 '공부 습관'이 훨씬 더 중요하다는 거죠. 중고등학생들과 상담하면서 안타까울 때가 참 많은데요. 가령 중고등 때 뒤늦게 공부 동기부여를 받게 되었는데, 그전까지 공부 습관을 잡아두지 않아 공부하는 방법도 모르고 특히 초중등 공부의 기본기조차 제대로 해두지 않은 경우가 이에 해당합니다. 공부를 하고 싶어도 이미 학습 공백이 너무 커져 버린 것이죠. 이를 방지하려면 초등 때는 공부 동기부여와 상관없이 나중에 아이에게 내적인 공부 동기부여가 생겼을 때 '습관에 발목 잡히는 일'이 없도록, '기본기가 부족해서 좌절하는 일'이 없도록, 공부 습관 형성과 초등 공부 기본기를 탄탄히 다져두어야 해요.

더불어 초등 때부터 공부 동기부여를 받을 수 있는 환경과 기회를 만들어주는 건 공부 습관과 공부법 다음으로 중요한 과제입니다. 중고등 시기가 되면 공부가 점점 어려워집니다. 초등학생 때까지는 부모님이 시키는 공부만 열심히 해도 단원평가 시험을 보고 학원 숙제를 하는 데에 문제가 없어요. 그러나 중학생 때부터는 아이 스스로 본인의 약점을 찾아 보완할 줄 알아야 하고, 시간 관리도 할 줄 알아야 하며, 공부의 필요성을 느끼고 주말에도 자발적으로 공부할 줄 알아야 합니다. 즉, 누군가가 시켜서 하는 공부가 아니라 아이 자신이 확실한 공부 동기부여를 가지고 있어야만 중고등 시험에서도 좋은 성과를 거둘 수 있다는 것이죠.

이러한 공부 '동기부여의 기회'는 초등 때부터 만들어주는 것이 좋습니다. 제가 초등학생 때만 하더라도 중간고사와 기말고사가 있었고, 학원에서도 3주~4주 시험 대비반이 있을 정도로 학교 시험의 난이도가 있는 편이었고 경쟁 분위기도 있어서 그 자체로 동기부여를 받을 수 있었습니다. 그러나 지금의 초등 아이들은 학교 단원평가만으로는 동기부여를 받기 어려운 것이 사실이에요.

② 동기부여 방법 (1): 틀린 문제부터 지적하지 마세요

문제집을 푼 뒤 틀린 문제부터 지적하고 고치도록 하는 건 잘못된 방식입니다. 가령 아이가 1, 3번 문제를 틀리면 많은 학부모님들이 채점 즉시 "○○아, 1, 3번 문제 틀렸으니까 얼른 와서 고쳐. 매번 똑같은 유형을 틀리네"라고 하며 틀린 문제부터 주목합니다. 이렇게 되면 아이들 입장에서는 8문제 중 자신이 잘 푼 6문제에 대해서는 어떠한 칭찬이나 피드백을 받지 못한 채로 틀린 문제만 지적받는다고 느끼게 됩니다. 아무래도 동기부여가 떨어질 수밖에 없죠. 이는 잘한 일에 대한 한마디의 칭찬도 없이 실수한 부분만 지적하는 직장 상사 밑에서 일하는 것과 다를 바 없습니다.

분명 8문제를 다 틀린 게 아니라, 6문제를 맞히고 2문제를 틀린 건데 대부분의 학부모님은 맞힌 6문제는 '당연히 맞아야 할 문제'라 여기고 아무런 피드백 없이 틀린 문제를 빨리 고치라고만 합니다. 그래서 저는 과외를 할 때 틀린 문제를 지적하기 전에 학생과 나란히 앉아 잘 푼 문제 중 최소한 두어 문제에 대해서는 칭찬과 격려 등의 리액션을 해줍니다.

"○○아, 이 문제 진짜 어려운 건데 잘 풀었구나."

"아까 개념 배울 때 했던 건데 안 까먹고 잘 풀었네!"

"이거 다른 친구들은 어려워하는 문젠데, 풀이도 꼼꼼히 쓰면서 잘 풀었다."

이렇게 잘 맞힌 문제에 대한 확실한 피드백을 해주고, 내친김에 하이파이브도 합니다. 칭찬은 길어야 1분이지만, 그 효과는 대단해요. 잘 푼 문제에 대해 칭찬받는 걸 싫어하는 아이는 없습니다. 이를 2달~3달 정도 반복하다 보면, 어떤 아이들은 말이 빨라지면서 자신이 어떻게 이 문제를 잘 풀 수 있었는지 풀이 과정까지 열심히 설명하려 합니다.

"○○아, 2번 문제를 잘 풀 정도면 네가 틀린 1번 문제도 충분히 다시 고쳐볼 수 있을 것 같아. 그러니 다시 한번 도전해볼까?"

불화는 '틀린 문제부터 고치라고 말하는 것'에서 시작됩니다. 그러니 앞으로는 너무 조급하게 생각하지 마시고, 일단 아이가 잘 푼 문제에 대해 아낌없는 칭찬과 격려를 보내주세요. 틀린 문제 고치는 건 그다음입니다. 사소한 것처럼 보이지만, 아이들에게는 최고의 공부 동기부여가 될 것입니다.

③ 동기부여 방법 (2): 성취 경험을 쌓을 수 있게 해주세요

단원평가를 보는 초등 아이들이 왜 공부 동기부여를 받기 어려울까요? 물론 단원평가 시험이 쉽다는 이유도 있지만, 그보다 더 중요한 건 단원평가라는 시험은 아이가 직접 지원해서 보는 시험이 아니라 '초등학생이라면 누구나 강제로 봐야 하는 시험'이기 때문입니다. 자신의 의지로 본 시험이 아니기 때문에 단원평가 결과와 상관없이 공부 동기부여에는 도움이 되지 않는 것이죠. 그러니 초등 때 공부 동기부여를 만들어주기 위해서는 아이가 선택권을 가진 환경에서 '성취 경험'을 쌓게 해주는 것이 중요합니다.

첫 번째는 예체능입니다. 아이가 좋아하는 예체능이 있다면 꾸준히 연습한 후 관련 대회나 공연에 출전해보는 것이 좋습니다. 향상된 실력을 선생님이나 부모님에게 인정받는 것만큼 소중한 경험도 없지요. 무엇보다 '열심히 노력하면 결국 해낼 수 있다'라는 중요한 진리를 몸소 느끼며, 그 과정에서 쌓인 성취 경험이 공부에도 긍정적인 영향을 줍니다. 두 번째는 아이가 직접 지원해볼 수 있는 시험 중 '난이도가 높지 않은 시험'을 목표로 하여 그 시험을 부모님과 함께 준비해보는 것입니다. 저는 한자와 컴퓨터를 방과후 시간에 배웠고, 관련 급수 및 자격증 시험을 응시했었는데요. 한 번도 부모님이 일방적으로 시험을 등록해준 적이 없었습니다. 늘 부모님과 함께 앉아 시험 지원의 전 과정에 참여했고, 최종 등록 버튼도 제가 직접 누를 수 있게 해주셨습니다.

이렇듯 제가 '직접' 선택한 시험을 보고, 자격증과 급수라는 '눈에 보이는 결과물'을 얻게 되면 자연스레 성취감을 맛볼 수 있으며 특히 단원평가의 단점을 보완할 수 있게 됩니다. 초등 때 성취 경험을 쌓기 좋은 시험에는 한자 5급~8급 시험, 초등 한국사능력검정시험, DIAT를 비롯한 컴퓨터 활용능력 시험이 있으며, 영어에 흥미가 있는 아이라면 토플 주니어 시험, 토셀(TOSEL) 영어 시험 등을 통해 공부 동기부여를 얻을 수 있습니다.

④ 동기부여 방법 (3): 격일 배치와 적절한 보상

심화 문제집이나 사고력 문제집 같은 어려운 문제집을 매일 풀리는 건 아이의 동기부여 측면에서 그리 좋지 않습니다. 수학을 좋아하는 아이라면 괜찮겠지만, 수학을 싫어하는 아이에게 매일 어려운 문제집을 풀게 한다면 부작용이 생기기 마련입니다. 월요일에 아무리 열심히 풀었더라도 화요일에 또 풀어야 하고, 수요일도, 목요일도, 금요일도 매일 풀어야 합니다. 아무리 열심히 일해도 내일 또다시 출근해야 하는 직장인처럼 아이들에게 매일 어려운 문제집을 풀게 하면 피로감이 쌓일 수밖에 없어요.

아이들이 어려워하는 문제집에 대해서는 앞서 얘기한 것처럼 '격일 배치'를 꼭 활용해주세요. 매일 풀던 수학 심화 문제집을 월, 수, 금으로만 바꿔주셔도 아이의 부담을 줄일 수 있습니다. 월요일에 열심히 문제를 풀면 화요일은 쉴 수 있고, 수요일에 열심히 문제를 풀면 목요일에는 쉴 수 있다는 것만으로도 아이에게는 큰 공부 동기부여가 될 거예요. 사실 초등 때는 내적 동기부여만을 바라기보다 외적 보상을 주는 것이 훨씬 효과적입니다. 단, 하루 단위의 단기 보상은 지양해야 합니다. 짧은 호흡의 외적 보상이 반복되면 공부 습관을 들이는 데에 자칫 걸림돌이 될 수 있기 때문이죠. 2주 단위, 한 달 단위, 또는 한 권 단위의 긴 호흡으로 보상을 약속해주는 걸 추천합니다.

⑤ 동기부여 방법 (4): 전국 단위 수학 학력평가 응시

초등학교 수학 단원평가는 대체로 쉽게 출제되다 보니, 100점을 받는 게 그리 어렵지가 않습니다. 100점이라는 점수 자체만으로 공부 동기부여를 받을 수 있으면 가장 좋겠지만, 그만큼 쉽게 자만하는 아이들도 종종 있습니다. 심화 문제집을 추가로 풀 것을 권유해봐도, 이미 본인은 단원평가 100점인데 왜 문제집을 더 풀어야 하냐며 반문하기도 하죠. 이러한 성향의 아이들에게 말로 그 필요성을 열심히 설명해주는 것은 어쩌면 무의미합니다.

"○○아, 초등 단원평가가 전부는 아니야. 중학생이 되면 시험이 어려워지기 때문에 초등 때 더 열심히 해두는 게 좋아. 전국에 너보다 잘하는 경쟁자들이 얼마나 많은데."

이런 식으로 아이들을 설득하려 한다면, 이 말은 들은 아이들이 바로 수긍하고 더 열심히 공부할까요? 아이들에게는 와닿지 않는 먼 미래의 이야기로 들릴 뿐입니다. 초등 아이들은 아직 어리기 때문에 말로만 설명해주면 추상적으로 느끼게 됩니다. 쉽게 납득하기 어렵다는 거죠. 그러니 단원평가 점수로 자만하는 아이에게는 눈에 보이는 '구체적인 명분'을 제시해 주는 것이 바람직합니다. 그러한 역할을 해주는 것이 바로 '전국 단위 수학 학력평가'입니다. 대표적으로 HME, KMA, TESOM, KMC, MBC 아카데미 전국 초등 수학 학력평가 등이 있죠. 물론, 이러한 시험을 오랜 기간 준비하라는 의미가 아닙니다. 아무런 준비 없이 1년에 1번 정도 아이가 이 시험을 봄으로써 전국에 많은 경쟁자가 있고, 아직 보완할 부분이 많다는 사실을 스스로 깨닫게 해주는 거예요.

이렇게 시험을 치른 뒤 성적이 나오게 되면, 그 성적표는 '자만하지 않고 더 열심히 공부해야 하는 확실한 명분'이 됩니다. 단원평가에서는 100점이었는데, 전국 단위 시험에서는 그보다 낮은 성적을 받게 된다면 부모님이 심화 문제집을 권해도 반문하거나 거부할 수 없게 되는 것이죠. 눈에 보이는 성적표가 때로는 중요한 까닭이에요. 그러니 자만하는 아이가 있다면, 1년에 1번 정도는 공부 동기부여 차원에서 전국 단위 학력평가를 보게 해주세요.

⑥ 동기부여 방법 (5): 공부 관련 책과 영상을 통한 간접적 전달

아무리 유익한 공부 조언을 해줘도, 그걸 잔소리로만 듣는 아이들이 있습니다. 그럴 때는 부모님이 직접 아이한테 모든 걸 얘기하려 하지 말고, 부모님의 교육관과 유사한 방향성의 공부 동기부여 관련 책이나 영상을 아이에게 보여주는 것이 효과적입니다. 그러한 책이나 영상을 통해 엄마만 이렇게 잔소리하는 게 아니라 의대나 서울대에 간 형, 누나, 언니, 오빠도 엄마랑 똑같이 이야기한다는 걸 증명해주는 것이죠. 이렇게 책과 영상을 직접 통하면 아이들은 더 주의를 기울여 듣게 됩니다. 부모님의 말에 일견 힘이 실리게 되는 것이죠.

그러니 초등 아이들에게 공부 동기부여를 심어주고 싶다면, 저의 초등 공부법 동화책 《스스로 공부하는 아이들》을 잠자리 독서 시간에 읽어주거나 초등 고학년 아이에게 선물하면서, 부모님만 잔소리하는 게 아니라 의대생 형, 오빠도 똑같이 얘기하고 있음을 간접적으로 보여주세요. 그리고 〈국풀TV〉, 〈가든패밀리〉, 〈교육나침반〉,

〈슬기로운초등생활〉, 〈교집합 스튜디오〉 등 전문가들의 유튜브 채널에서 아이에게 들려주고 싶은 이야기가 있다면 해당 영상을 아이와 함께 시청하는 게 부모님의 백 마디 잔소리보다 더 효과적일 거예요. 공부 동기부여를 위해서 부모님의 교육관과 일치하는 공부법, 공부 동기부여 관련 책과 영상을 적극적으로 활용해보길 추천합니다.

SECRET

Chapter
4

중고등 시기의 8가지 특징과 초등 시기 대비법

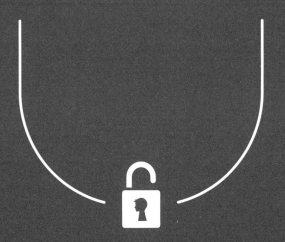

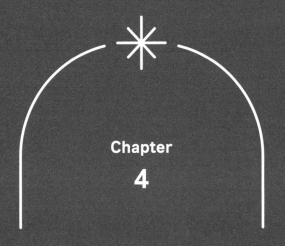

4-1

진로 고민, 초등 시기부터 시작해야 합니다

중고등 시기의 특징 ①

2025년부터 전국에 있는 고등학교에 '고교학점제'가 도입됩니다. 고교학점제는 기초 소양과 기본 학력을 바탕으로 진로·적성에 맞는 과목을 선택하고, 이수 기준에 도달한 과목에 대해 학점을 취득·누적하여 졸업하는 제도입니다. 기존 고등학생들은 주어진 교육과정에 따라 학교에서 정해놓은 시간표대로 수업을 듣는 방식이었으나, 고교학점제가 시행된 후에는 '자신의 진로'에 따라 원하는 과목을 선택하여 수업을 듣게 됩니다. 좋게 보면 학생들이 자율성을 보장받고 진로에 대한 기회를 넓힐 수 있지만, 다른 시각에서 보면 고등 진학 전에 해야 할 일이 하나 더 늘어나는 셈이죠. 기존에는 초중등 시기에 명확한 꿈이 없더라도 고등학생 때 진로를 결정하는 경우가 많았습니다. 초중등 때 꿈이 있더라도 '단순히 멋있어 보여서', '부모님이 그 직업이라서' 등의 이유로 갖게 된 꿈이었기에 고등 때 바뀌는 경우도 많았습니다. 그러나 이제부터는 고등학생이 되면 자신의 진로에 따라 학생이 직접 자신이 들을 과목을 선택해야 합니다. 즉, 진로가 명확하지 않다면 과목 선택에 어려움을 겪게 될 것이고, 고등 진학 전까지 '확실한 진로 선택'이 요구된다는 뜻이기도 하죠.

초등 시기 대비법 ①

예전에는 고등 3년 동안 정해진 과목만 열심히 공부하면 큰 문제가 없었습니다. 물론 일부 선택 과목이 있었지만, 과목 선택을 두고 크게 고민한다거나 부담을 느끼지는 않았죠. 그러나 지금부터는 상황이 좀 달라집니다. 학생들이 직접 '자신의 진로에 맞게' 과목을 선택해야 하니까요. 이는 고등학교 진학 전까지 자신의 진로에 대해 어느 정도의 확신을 가질 필요가 있다는 뜻이기도 합니다. 그래야만 고등 진학 후 자신의 진로에 맞게 과목을 더 잘 선택할 수 있어요. 이에 부모님들은 초등 때부터 아이가 본인의 진로를 탐색할 수 있게 다양한 기회를 제공해주시면 좋겠습니다. 여기서 〈주니어 커리

어넷〉을 추천하고 싶은데요. 저학년과 고학년으로 나눈 후 간단한 검사를 통해 진로 탐색을 할 수 있는 사이트입니다. 특히 초등 아이들은 또래 친구들의 생각에 호기심을 가기 마련입니다. 〈주니어 커리어넷〉에서는 진로에 대한 또래 친구들의 고민을 직접 읽어보고, 전문가들의 답변도 확인할 수 있어 여러모로 많은 도움이 될 거예요.

그리고 늦어도 고등 진학 전까지는 계열 정도는 정해둘 수 있게 이끌어주세요. 계열은 크게 인문 사회, 자연과학, 공학, 예술·체육, 교육 등 다섯 계열로 나뉘는데 아이와의 대화를 통해 가장 적합한 계열을 설정해두면 고교학점제를 보다 슬기롭게 활용할 수 있을 것입니다. 더불어 아이가 아직 꿈이 없더라도 '가상의 목표'를 초등 때 정해주세요. 물론 꿈이 없어도 공부하는 데 별 지장이 없겠지만, 꿈을 갖고 있다면 아무래도 공부 목표를 좀 더 수월하게 설정해 나갈 수 있습니다. 초등 아이들은 관심사도 많고, 직업에 대해 잘 알지 못해 스스로 무언가를 결정하기가 쉽지 않습니다. 아이의 관심 분야를 찾아주고, 그 분야와 관련된 직업을 '가상의 장래 희망'으로 설정해 주는 것도 부모의 역할입니다.

저는 초중등 시기에 다른 친구들을 가르쳐 주는 걸 좋아했습니다. 부모님과 대화를 나누면서 '선생님'이라는 가상의 장래 희망을 정해두었고, 저만의 장래희망이 있다는 사실 하나만으로도 자신감이 올라갔습니다. 공부할 때도 이것이 큰 원동력이 되어주었고요. 물론 장래 희망이 정해졌다고 해서 반드시 그것이 되어야 하는 건 또 아니죠. 이는 가상의 목표를 정함으로써 공부에 대한 동기부여를 받기 위함이니, 지나치게 많은 고민을 할 필요는 없습니다. 더불어 아이의 진로 목표가 생기게 된다면, 구체적인 롤 모델을 설정할 수 있게 옆에서 도와주세요.

실제로 저는 중고등 때 '의사'라는 제 꿈에 대한 확신을 가졌는데요. 그 확신과는 별개로 의사라는 꿈 자체는 추상적이었고, 멀게만 느껴졌습니다. 그러다 우연히 남궁인 저자의 《만약은 없다》를 읽게 되었죠. 이 책은 응급의학과 교수가 의료 현장에서 겪은 것들을 기록한 에세이였고, 그때 '남궁인 의사 선생님'을 처음 알게 되었습니다. 의학 지식을 다루는 책만 접하다 보니 의사가 직접 쓴 솔직한 에세이가 유독 특별하게 와닿았고, 그 이후로 남궁인 의사 선생님에 대해 찾아보게 되었습니다. 꾸준히 책을 쓰고 강연하는 선생님의 모습이 얼마나 멋져 보였는지…. 그때부터 저는 롤 모델을 '남궁인 의사 선생님'으로 정하고, 의사가 되면 글을 쓰고 강연하는 사람이 되겠노라 다짐했습니다. 이렇게 구체적인 롤 모델을 정해두니, 고등 3년 동안 공부가 힘들어 포기하고 싶을 때마다 남궁인 선생님의 책과 영상을 찾아보며 힘을 얻을 수 있었습니다. 추상적이고 막연했던 꿈이 구체화되는 과정이었다고도 볼 수 있을 것 같네요. 구체적인 롤 모델이 주는 힘은 분명히 있습니다. 아이의 진로 목표가 생기게 되었다면, 그 분야에 대한 롤 모델을 찾을 수 있게 방향을 제시해주세요.

4-2

논·서술형 문제의 확대와 수행평가의 중요성

중고등 시기의 특징 ②

2028학년도 수능부터 선택 과목이 사라지고 문·이과 구분 없이 통합사회, 통합과학을 공통으로 보게 되지만 '객관식 형태의 시험'은 유지될 예정입니다. 하지만 내신은 달라집니다. 교육부는 지금까지 고교 내신 평가에서 일반적으로 활용되었던 지식 암기 위주의 '5지선다형' 평가는 가급적 지양하고, 미래에 필요한 사고력과 문제해결력 등의 역량을 기를 수 있도록 논·서술형 평가를 확대하겠다고 밝혔습니다. 이를 통해 내신 평가의 혁신으로 암기·반복훈련 위주의 불필요한 문제풀이식 사교육을 경감해 나가겠다고도 했고요.

이는 결국 '논리적으로 글을 쓸 줄 아는 능력'이 내신 시험에서 더욱 중요해진다는 뜻입니다.

수행평가의 중요성도 간과해서는 안 됩니다. 초등 때도 수행평가가 있지만, 중고등 시기의 수행평가는 내신 성적의 40% 이상을 반영하도록 규정하고 있습니다. 즉, '중간고사 30% + 기말고사 30% + 수행평가 40%'로 반영되기도 하고, 학교에 따라 '중간고사 25% + 기말고사 25% + 수행평가 50%'로 반영되기도 합니다. 비율에서 드러나듯 수행평가가 중고등 시험 성적만큼 중요해집니다. 실제로 제가 고등학생 때는 내신 성적 반영 비율이 보통 과목별로 '중간고사 30% + 기말고사 30% + 수행평가 40%'였습니다. 이와 관련된 일화가 있는데요. 고등 1학년 1학기 영어 시험이었습니다. 당시 전교생이 160여 명 정도였고 4%까지 1등급을 받았습니다. 그러니까 6등까지 1등급, 7등부터는 2등급을 받았던 거죠. 공교롭게도 저는 어떤 여학생과 고 1-1 중간고사와 기말고사의 영어 성적이 똑같았습니다. 단지 수행평가에서 제가 그 여학생보다 2점이 더 높아 저는 6등으로 1등급, 그 여학생은 7등으로 2등급을 받게 되었습니다.

이렇듯 공부만큼 수행평가가 가지는 힘은 큽니다. 이러한 수행평가를 구성하는 요소는 크게 '수업 태도', 보고서나 독후감 등의 '글쓰기 능력', 발표나 토론 등의 '말하기 능력'으로 나눌 수 있습니다.

수행평가가 내신 성적의 40% 이상 반영되는 만큼, 이 3가지 요소에 대한 대비도 초등 시기에 필요하다고 볼 수 있겠습니다.

초등 시기 대비법 ②

논·서술형 평가 대비와 수행평가 대비를 위해서는 초등 때부터 논리적으로 글을 쓰고, 깊이 있게 생각하는 연습을 해두어야 합니다. 물론 독서를 열심히 해두면서 '인풋'이 쌓이게 되면 글쓰기라는 '아웃풋'이 잘 이루어지기도 하지만 독서에는 늘 '간접적'이라는 말이 붙습니다. 독서를 열심히 했다고 해도 글쓰기, 말하기 측면에서 부족함이 있을 수도 있다는 거죠. 만약 초등 아이가 글쓰기, 말하기 측면에서 부족하다고 판단되면 이를 위해 《이은경쌤의 초등 글쓰기 완성 시리즈》, 《기적의 독서 논술》, 《초등 미니 논술 일력 365》 등의 교재로 글쓰기 연습을 시켜도 좋습니다. 이렇게 논·서술형 형태가 확대되는 상황에서는 초등 고학년 정도 되면 방과후 교실을 통한 독서 토론도 도움이 될 테고, 논술학원에서 논리적 글쓰기나 말하기 방법 등을 체계적으로 학습할 수 있게 해주어도 좋습니다.

결국, 논·서술형 문제를 잘 풀기 위한 첫걸음은 '독서'입니다. 다양한 분야의 책을 초등 때부터 경험해둔다면 그 경험들이 반드시 실력으로 연결될 것입니다. 인풋이 많아야 아웃풋도 잘 될 테니까요.

초등 고학년이 된 이후 바쁘다는 핑계로 독서를 소홀히 하지 말고, 매일 조금씩이라도 독서할 수 있게끔 지도해주세요.

그리고 여기서 놓쳐서는 안 될 중요한 사실이 있는데요. 사고력과 문제 해결 능력을 바탕으로 논·서술형 문제를 잘 풀려면, 일단 객관식 문제를 완벽하게 소화할 탄탄한 기본 실력이 뒷받침되어야 합니다. 기본 실력이 탄탄해야 논·서술형이라는 '응용' 또한 잘할 수 있겠죠. 여전히 개념, 연산, 유형별 공부, 모두 기본적으로 중요합니다. 다만 논·서술형 형태가 추가될 뿐인 거죠. 기본기 공부에 소홀해서는 안 되는 까닭입니다. 그리고 수학 서술형은 학생들이 제대로 배워본 적이 없어 힘들어하는 경우가 많기에 《나 혼자 푼다! 수학 문장제》 같은 문장제 문제집도 병행해주시면 좋겠습니다.

초등 때의 적극성은 부모님이 만들어주어야 합니다. 요즘 중고등 학생들을 보면 공부는 열심히 해도 수업 참여도가 낮고 소극적이며, 발표를 아예 하지 않는 아이들도 있어요. 하지만 이 '수업 태도' 자체가 수행평가에 반영되기에 초등 때부터 조금씩 적극성을 길러두어야 합니다. 적극적인 발표를 위해서는 무엇보다 부모님과의 대화가 중요한데요. 평상시에 집에서 부모님과 다양한 주제로 대화를 나누는 아이가 학교에서도 자연스럽게 발표할 수 있고, 자신의 의견 또한 자신 있게 말할 수 있습니다. 주제 선정은 어렵지 않습니다. '잠자리 독서'를 초등 저학년 때 10분~20분 정도만 해도 이야깃거리가 넘치니까요. 말하기 측면에서 보완이 필요한 아이라면, 때로는 스피치 학원을 활용해보는 것도 하나의 방법이 될 수 있어요.

한 달에 한 번 정기적으로 가족회의를 가지며 한 달 동안 있었던 일에 대해 자유롭게 대화하거나, 읽었던 책 내용을 설명하는 시간을 가지면 일상을 통해 말할 기회를 자연스레 보장받게 됩니다. 더불어 교내 대회 또는 주변에서 열리는 각종 대회 중 아이의 흥미와 맞는 대회가 있다면 부모님이 먼저 알아본 후 아이가 참여할 수 있도록 도와주세요. 대회의 결과와 상관없이 참여하는 것만으로도 아이의 적극성을 기르는 데에 큰 도움이 됩니다. 결국, 고등에서의 적극성은 지식의 풍부함으로부터 옵니다. 아는 게 많아야 자신 있게 발표도 하고, 여러 프로젝트에도 앞장설 수 있죠. 초등 시기에는 탄탄한 기본기 공부를 1순위로 하되, 일상 속에서 적극성을 기를 수 있도록 이끌어주세요.

'수업 태도'는 수행평가의 3가지 요소 중 하나입니다. 학교 선생님의 수업을 듣는 게 얼마나 중요한지 부모님이 아이에게 늘 인식시켜주어야 합니다. 초등 때 학원에서 많은 것들을 배우다 보면 자칫 학교보다 학원을 더 '메인'으로 생각하게 되고, 학교 수업에 소홀해지기도 합니다. 그러나 문제 출제를 하는 사람은 결국 학교 선생님입니다. 아이가 학교 수업에 집중할 수 있게끔 부모님이 늘 알려주어야 합니다. 저는 수업 시간에 늘 적극적으로 발표하고, 선생님과 눈이 마주치면 고개를 끄덕이며 열심히 참여하고 있다는 걸 보여주었습니다. 연기가 아니라 실제로 그랬고요. 그러다 보니 수업 태도에 관해서는 특별한 문제가 없었어요.

특히 단원평가는 100점을 목표로 공부하는 습관을 만들어주는 것이 좋습니다. 간혹 초등 때의 단원평가 성적은 중등이랑 이어지지 않으니 중요하지 않다고 이야기하시는 분들도 있는데요. 당연히 성적이 중요한 건 아니지만, '시험을 대하는 공부 태도'는 중등으로 이어집니다. 초등 때부터 '단원평가'가 중요하지 않다는 이유로 소홀히 하게 되면, 자연스레 학교 수업도 열심히 들을 필요가 없다고 여기게 됩니다. 그러니 단원평가 100점을 목표로, 초등 때부터 올바른 태도로 수업을 듣고 학습하는 습관을 잡아주시길 바랍니다. 이러한 수업 태도, 글쓰기, 말하기를 부수적인 영역으로 생각할 수 있지만 앞으로 '수행평가'의 영향력이 점점 더 커진다는 것을 잊지 마세요.

4-3

중고등 시기 독서의 중요성

중고등 시기의 특징 ③

유초등 시기뿐만 아니라 중고등 시기에도 여전히 '독서'는 중요합니다. 중고등 수행평가는 내신 성적의 40% 이상을 차지할 정도로 높은 중요도를 가지고, 수행평가에서는 책을 매개로 독후감을 쓰고, 발표하고, 토론의 근거를 마련합니다. 책을 활용할 일이 정말 많다는 것이죠. 중학교 때까지는 시험 기간이 아닐 때나 방학 때 그나마 책을 읽을 수 있습니다. 고등학생이 되면 책 읽을 시간이 있을까요? 내신, 수능, 수행평가만 하기에도 벅찬 상황에서 독서를 하는 건 불가능에 가깝고, 한다고 하더라도 방학에 두어 권 겨우 읽는 게 전부일 것입니다. 그렇기에 대부분의 고등학생은 중학생 때 열심히 읽어두었던 책을 고등 때 활용하는 경우가 많습니다. 중학교 3학년 때까지 고등 수준의 필독서를 차곡차곡 읽어두어야 고등 3년을 효율적으로 보낼 수 있다는 것이죠. 초등 때 초등 수준의 필독서만 읽고, 중등 때 중등 수준의 필독서만 읽었다가는 정작 고등 수준의 필독서는 읽을 시간이 없게 됩니다.

초등 시기 대비법 ③

초등 시기의 독서 습관은 어느 때보다 중요합니다. 저학년 때는 매일 꾸준히 독서를 하고 부모님이 잠자리 독서를 해주는 경우가 많지만, 고학년이 될수록 독서에 소홀해지는 경우가 많습니다. 학부모님들 중에는 "아이가 고학년이 되니 해야 할 공부가 너무 많아서 독서 시간이 확보가 안 돼요"라며 걱정하는 분들이 있습니다. 저는 어디까지나 '핑계'라고 생각합니다. 이미 하루 스케줄을 공부로 다 채운 다음 독서 시간이 없다고 걱정하지 말라는 겁니다. 물론 고학년이 되면 해야 할 공부도 많아지고, 숙제도 많아지니 부모님 입장에서는 독서 시간을 아이에게 선뜻 주기가 어렵다는 걸 저도 잘 압니다. 그러나 중등 시기에 비하면 초등 고학년 시기는 꽤 여유로운 편입니다. 특히 초등 고학년 때 독서 시간 확보가 어려운 학부모님들은 앞서 말씀드린 것처럼 현재 아이가 매일 풀고 있는 문제집을 '격일로 배치'하는 것만 해주셔도 시간 확보가 가능합니다. 초등 때는 무조건 매일 풀어야 할 문제집은 없다는 걸 꼭 기억해주세요.

그리고 '공부 시간'이 아닌 '독서 시간'을 먼저 정하세요. 가령 '밤 9시 30분부터 10시까지는 독서 시간' 등의 루틴을 정해 독서 시간을 확보하고, 나머지 시간을 공부 스케줄로 채우면 되겠습니다. 하나 더 추천할 것은 '독서 노트' 작성인데요. 초등 고학년 때 읽었던 책은 중학교 수행평가 때 활용하게 되는 경우가 많고, 중학생 때 읽었던 책은 고등학교 수행평가 때 활용하게 되는 경우가 많습니다. 자신이 읽었던 책을 따로 기록해두지 않으면 나중에 있을 수행평가에서 본인이 어떤 책을 읽었는지 명확히 기억나지 않아 써먹지 못하는 경우가 생길 수 있습니다. 이는 '독서 노트' 작성을 습관화해야 하는 이유이기도 합니다. 매일 기록하는 것이 번거롭고 귀찮을 수도 있으니, 일주일간 읽었던 책을 모아둡니다. 그리고 요일을 정해 책에 대한 줄거리 두어 줄, 느낀 점 역시 두어 줄을 적어두는 것입니다. 수기로 작성하면 찾기도 어렵고 분실 및 훼손의 우려도 있으니 컴퓨터나 노트북으로 작성하는 걸 추천합니다. 아이 이름으로 네이버 블로그를 개설해 거기다가 독서 기록을 남겨도 좋고, '독서로'라는 사이트를 활용하셔도 좋습니다.

처음에는 아이가 하는 말을 부모님이 대신 타이핑해 주셔도 됩니다. 그러다 아이가 중학생이 되면 자연스럽게 넘겨주는 형태로 가면 되고, 이러한 독서 노트 작성은 중학생 때부터는 아이 스스로 매주 작성할 수 있게끔 습관을 들이는 것이 좋습니다. 매주 작성할 시간이 없다면 한 달 단위로 작성해도 좋습니다. 중학생이 될 때까지 아무것도 하지 않다가 갑자기 "의대생 책을 읽어보니까 독서 노트가 중요하대. 너도 이제 중학생이니까 혼자서 써 봐"라고 한다면 바로 이행할 수 있는 아이는 아마 없을 테죠. 모든 습관은 말로만 지시하는 게 아니라, 처음에는 부모님과 아이가 '함께' 하다가, 점점 아이에게 습관을 넘겨주는 형태로 가야 한다는 것을 거듭 말씀드립니다.

4-4

복습을 '꾸준히' 하는 학생은 거의 없습니다

중고등 시기의 특징 ④

중고등학생 중 '복습'의 중요성을 모르는 학생은 없습니다. 수업을 듣는다고 해서 모든 내용을 다 이해하고 암기할 수는 없으니까요. 결국에는 학교, 학원 수업에서 배운 내용은 반복적으로 복습하면서 이해하고 암기하려 노력해야 합니다. 그래야만 확실하게 자신의 것으로 만들 수 있죠. 저는 지금까지 900여 명의 중고등학생과 상담을 진행했는데요. 꾸준히 복습하는 고등학생은 정말 손에 꼽을 정도입니다. 심지어 상위권에 있는 아이들도 복습은 뒷전이고, 진도에만 신경 쓰고 있었죠.

중고등 시기에는 짧은 내신 준비 기간에 많은 과목을 공부해야 하고, 새롭게 공부해야 할 내용도 많습니다. 그렇다 보니 이미 한 번 공부한 걸 두 번, 세 번 보는 '복습'이 후순위로 밀릴 수밖에 없어요. 플래너에 '복습'을 적어두긴 했지만, 자꾸만 미루게 되는 경우도 많아지고요. 이는 복습의 습관만 제대로 잡히면 중고등 시기에 다른 학생들보다 앞서나갈 수 있다는 뜻이기도 합니다.

초등 시기 대비법 ④

저 역시 복습의 중요성을 귀가 닳도록 들었지만, 중학생이 되면서부터는 복습을 자꾸 미루게 되어 내심 불안했습니다. 그래서 만든 저만의 루틴이 바로 '복습의 날'입니다. 이는 중3부터 고3, 그리고 의대에 다니고 있는 지금까지도 여전히 진행 중입니다. 뭔가 대단한 날인 것 같지만, 별거 없습니다. 아무리 급하고 해야 할 공부가 많아도 매주 일요일 오전에는 한 주간 공부한 내용을 과목당 30분~1시간 정도 되짚어보는 것입니다. 새로 배운 개념을 암기하고 틀렸던 문제를 다시 풀어보는 정도이죠. 그리고 이러한 저만의 루틴은 꾸준한 복습으로 이어졌고, 좋은 성적을 받는 데 큰 역할을 해주었습니다. 습관의 힘이 제 역할을 했다고도 볼 수 있겠습니다.

복습의 습관 역시 초등 때는 부모님이 함께 해주다가 중고등 때 아이에게 넘겨주는 형태로 가야 합니다. 어른들도 습관 하나 만드는 데 짧게는 몇 달, 길게는 몇 년씩 걸리니까요. '복습의 날' 활용법은 다음과 같습니다. 우선 일주일 동안 배운 내용을 복습할 요일과 시간을 아이와 함께 정합니다. 해당 요일이 되면 아이와 나란히 앉아 아이가 일주일간 공부한 문제집을 함께 넘겨보면서 새로 배운 개념이 잘 암기되었는지 점검하고, 틀린 문제는 다시 한 번 풀어보면서 복습할 수 있도록 합니다. 초등 때는 과목별로 10분~20분, 많게는 30분만 투자해도 됩니다. 사실 시간보다는 '일주일 단위로 복습한다는 개념'과 '매주 놓치지 않는 지속성'이 더 중요해요.

아이가 아직 6살~7살이거나 초등 저학년이라면 복습의 날의 테마를 처음부터 '공부'로 설정할 필요는 없습니다. 저는 책의 활용을 추천하는데요. 아이가 일주일간 읽었던 책을 모아두고, 매주 정해진 요일에 아이와 함께 앉아 읽은 책의 내용과 책에 대한 감상평 등을 나누는 겁니다. 책이라는 흔하고 친근한 소재로 '복습의 날이라는 개념'을 아이에게 입력시켜두면 초등 고학년, 중고생이 되었을 때 이를 실천하기가 훨씬 수월해집니다.

4-5

자기 주도적 학습 태도가 중요합니다

중고등 시기의 특징 ⑤

중고등학생 중 '공부법' 자체를 모르는 학생은 없을 겁니다. 특히 요즘은 유튜브에서 공부법 영상 몇 개만 찾아봐도, 공부법 책 한두 권만 읽어봐도 공부법을 손쉽게 알아낼 수 있습니다. '공부법 과잉' 시대라 해도 과언이 아닐 텐데, 중고등 시기에 성적의 차이를 만드는 건 결국 '공부법'이 아니라는 얘기입니다. 똑같은 공부법을 가지고 자신의 상황에 맞게, 얼마나 잘 활용하는지가 관건이라는 거죠. 격차도 거기서 발생합니다. 결국, 이러한 능력은 '자기 주도적 학습 태도'의 유무와 직결되는데요. 자기 주도적 학습 태도는 초등 때부터 형성되기에 부모님의 끊임없는 노력과 관심이 필요합니다.

초등 시기 대비법 ⑤

자기 주도적인 습관을 쌓는 두 가지 방법 가운데 하나는 '답안지 보는 연습'입니다. 초등학생 때는 문제를 틀리면 집에서 부모님이 직접 설명해주는 경우가 많고, 학원에서 역시 틀린 문제에 대한 선생님의 설명을 들을 수 있습니다. 답지를 학원에서 보관하는 경우도 많고요. 초등 고학년 학생들을 가르치다 보면 '스스로 답지를 보는 연습'이 안 되어 있는 아이들이 많습니다. 중학생 때부터는 학원이나 부모님의 도움 없이 답지만 보고도 문제점을 발견하고 스스로 고칠 수 있어야 합니다. 과목별로 학원에 다 다닐 수는 없고, 학원에 다니더라도 그것과는 별개로 혼자서 푸는 문제집이 있어야 하니까요.

누군가의 설명 없이 답안지만 보고 자신이 틀린 문제를 고칠 줄 알아야 하는데, 초등 때 답지 보는 연습이 안 되어 있으면 중등 때 자기 주도적인 공부를 해나가는 데 방해가 될 수도 있습니다. 아이가 초등 고학년이 되면 틀린 문제를 부모님이 말로 설명해주기보다는 틀린 문제와 그 문제에 대한 답안지를 펼쳐두고, 아이의 풀이와 답안지 풀이를 비교하는 연습을 함께 해주세요. 첫째 줄부터 짚으면서, '첫째 줄은 어때? 답안지 풀이와 너의 풀이를 비교해보니 잘 푼 것 같아?'라고 물으며 아이 스스로 틀린 부분을 발견해보는 연습을 시켜주시길 바랍니다.

또 하나는 '최종 선택권'입니다. 초등 고학년이 되면 학원과 문제집의 선택을 아이에게 맡기는 것이 좋습니다. 아이의 문제집, 학원 등을 부모님이 일방적으로 정해주게 되면 그 아이는 '초등 때는 부모님이 정해준 문제집, 부모님이 정해준 학원 덕에 공부할 수 있었어'라고 인식하기 때문이죠. 중학생이 되면 그러한 인식이 자기 주도성을 약하게 만들 수도 있습니다. 아이가 고학년이 되면 우선 학원이나 문제집에 대한 2개~3개 정도의 형식적인 후보를 부모님이 정해주세요. 여기서 말하는 후보는 'A를 선택하면 큰일나고, B를 선택해야 안전한' 후보가 아니라, 후보 중 어떤 걸 선택해도 상관이 없는 '형식적인 후보'입니다. 이렇게 후보를 만들어준 다음, 아이와 함께 서점에 방문해 아이가 직접 문제집을 넘겨본 뒤에 후보 중 하나를 선택할 수 있게 해주는 겁니다. 학원도 마찬가지예요. 2개~3개의 학원 후보에 대해 아이와 함께 학원 상담을 하면서, 아이가 직접 학원에 대한 최종 선택을 할 수 있게 해주는 거죠.

이렇게 조언을 드리면 몇몇 학부모님은 아직 아이가 어려서 현명한 결정을 내리기 어려울 거라고 걱정합니다. 앞서 얘기한 후보들이

'형식적인' 후보여야 하는 이유가 여기에 있습니다. 부모님이 제시한 후보 중 어떤 걸 선택해도 상관이 없어야 합니다. 아이가 어떤 선택을 하든, 결국 그 선택은 아이가 한 것이 됩니다. 이렇게 초등 때 최종 선택권이 주어졌던 아이들은 '나는 초등 때부터 내가 선택한 학원과 내가 선택한 문제집으로 공부했다'라는 인식에 의해 중학생이 되고 고등학생이 되었을 때 자기 주도적으로 공부하고 학습할 수 있게 되는 것입니다.

4-6

플래너 작성 연습은 초등 시기부터

중고등 시기의 특징 ⑥

초등 단원평가는 한 단원씩 시험을 보는 형태이지만 중고등 시험은 다릅니다. 한 학기에 총 2번(중간고사, 기말고사) 시험을 보며, 과목당 6단원으로 구성되어 있다고 하면 한 번 시험을 볼 때 과목별로 3개 단원씩 시험을 보게 됩니다. 즉, '여러 과목에 대한 여러 단원을 동시에 준비'해야 하죠. 정해진 기간 안에 많은 분량을 소화해야 하기에 아무런 계획 없이 공부하게 되면 제대로 공부하지 못하고 빼먹게 되는 과목이 생길 수 있습니다. 과목별로 하루에 몇 시간 정도 투자하고 있고, 시간이 얼마나 소요되는지 스스로 기록하면서 자신을 객관적으로 파악하는 능력이 중요합니다. 이걸 '메타인지'라고도 부르는데요. 중고등 시기 공부에 있어 플래너 작성은 매우 중요한 역할을 합니다.

초등 시기 대비법 ⑥

플래너는 중고등 시험공부를 위한 것인지라 초등 학부모라면 그 중요성이 크게 와닿지 않을 수도 있습니다. 재미있는 건, 900명이 넘는 중고등학생들과 상담하면서 플래너에 대한 조언을 수도 없이 해왔지만 한 달 이상 꾸준히 플래너를 쓰는 학생은 손에 꼽을 정도였습니다. 이게 무슨 의미일까요? 중고등 시기에는 새롭게 해야 할 공부가 워낙 많아 '플래너 작성'이라는 새로운 습관을 들이기가 쉽지 않다는 것입니다. 그러나 플래너라는 습관이 초등 때부터 잡혀 있다면 얘기가 조금 달라집니다. 초등 때는 플래너의 목적을 잘 잡아야 하는데, 이는 초등 단원평가를 위해서가 아닙니다. 초등 단원평가는 비교적 어렵지 않아 플래너 없어도 잘 볼 수 있어요. 초등 졸업 전까지 아이에게 '플래너는 매일 쓰는 것이고, 조금의 시간만 투자하면 쓸 수 있고, 이걸 쓰면 해야 할 일을 까먹지 않고 할 수 있다'라는 3가지 인식만 심어주면 됩니다. 그렇게 되면 중학생 때부터는 플래너를 스스로 쓸 수 있는 아이가 될 겁니다.

아이가 아직 초등 저학년이라면 플래너보다는 '투두리스트' 형태로 시작하는 것이 좋습니다. 새로운 과제가 아닌 '일기 쓰기', '책 읽기', '수학 연산 문제집 풀기' 등 매일 루틴처럼 하는 공부와 활동을 적어두고, 매일 밤 아이와 함께 수행 여부를 체크하는 것입니다. 처음부터 플래너 형태를 갖추게 되면 아이들이 부담을 느낄 수 있기 때문이죠. 직접 만들지 않아도 됩니다. 인터넷에 검색만 해도 다양한 형태의 투두리스트가 나오니까요. 하루 단위의 투두리스트도 좋지만, 1주일 단위의 투두리스트도 활용도가 높으니 참고해주세요.

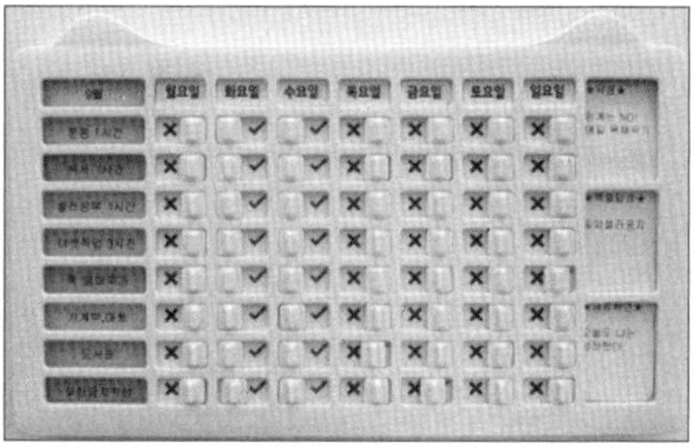

그리고 아이가 초3 이상이 되면 플래너를 쓰기 시작합니다. 여기서 중요한 건 부모님이 일방적으로 플래너를 사다주지 않고, 아이와 함께 문구점에 방문해 '원하는 플래너를 아이가 직접 선택하게 하는 것'입니다. 본인이 직접 선택한 플래너라면 그것을 활용할 때의 마음가짐부터 달라집니다. 또한 5색 형광펜, 예쁜 글씨체 등 플래너의 형식에도 너무 얽매일 필요가 없습니다. 플래너 작성 과정이 번거롭고 복잡하면 그만큼 접근성이 떨어지기 때문이죠. 플래너는 하루에 해야 할 일을 기록해두고, 매일 밤 그 일의 수행 여부를 확인하는 용도입니다. 5색 형광펜이 없어도, 글씨체가 예쁘지 않아도, 하루 동안 해야 할 공부와 활동을 있는 그대로 적기만 하면 됩니다. '수학 숙제하기', '영어 학원 가기', '친구들이랑 영화 보기', '준비물 챙기기' 등 공부와 일상생활에서 수행할 일들을 명료하게 적으면 됩니다.

특히 플래너는 말로만 시키지 말고 부모님이 함께 습관을 잡아나가길 바랍니다. 아이 혼자서 매일 정해진 시간에 무언가를 한다는 건 매우 귀찮고 피곤한 일이에요. 그러니 몇 개월 동안은 아이가 플래너를 썼는지 꼭 점검해주시고, 정해진 작성 시간에 아이가 다른 걸 하고 있다면 언질 정도는 주는 것이 좋습니다. 옆에 앉아서 아이가 쓰는 걸 지켜보거나, 처음에는 아이의 말을 부모님이 대신 써주어도 무방합니다. 앞서 말한 3가지 인식을 아이에게 심어주기 위함이니 누가 쓰느냐는 사실 그렇게 중요하지 않아요. 이렇게 초등 시기 플래너 습관을 잡다가 중학생이 되면 플래너 작성의 전 과정을 자연스레 아이에게 맡기면 됩니다. 습관 형성에 성공하게 되는 것이죠.

그러니 아이가 아직 초등학생일 때 플래너 작성의 중요성과 3가지 인식을 꼭 심어주세요. 처음부터 잘하는 아이는 없습니다. 사소한 습관이 학업의 성패를 좌우한다는 것 또한 잊지 마시고요.

4-7

중고등 시기의 '주말 공부'

중고등 시기의 특징 ⑦

초등학생 때는 보통 평일에 공부하고 주말에는 쉬었습니다. 그러나 중고등 6년 동안에는 그러기가 참 어렵죠. 일단 학교도 늦게 끝나고, 학원도 가야 하다 보니 평일에는 학교, 학원 숙제만 하기에도 시간이 빠듯합니다. 자신의 약점 보완을 위한 '추가 공부'를 할 시간이 없다는 겁니다. 주야장천 숙제만 붙들고 있다면 친구들보다 더 좋은 시험 성적을 받기가 어렵습니다. 중고등 시기에는 평일 공부에서는 큰 차별화를 두기 어렵기에 결국 '주말 공부'에 손을 뻗을 수밖에 없습니다.

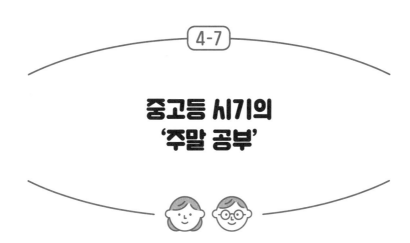

주말에는 앞서 언급했던 '복습의 날'과 같은 방식으로 일주일간 공부했던 내용을 복습하기도 하고, 특히 과목별로 부족했던 부분의 추가 공부를 통해 약점을 보완해야 합니다. 약점을 보완하지 않은 채 숙제만 하게 된다면, 그 약점에 결국 발목을 잡히게 되죠. 예컨대 저는 중등 수학 도형에 어려움이 있었습니다. 도형 관련 책 1권을 구입해 주말에는 스스로 추가 공부를 하고, 국어 문법이 어려워 EBS 강의를 활용하기도 했습니다. 주말을 효율적으로 활용한 것에 대한 결과는 당연히 좋았고요. 공부를 잘하고 싶다면 '공부량'을 늘리는 게 1순위이고, 중고등 시기에 공부량을 늘릴 수 있는 가장 현실적이고 실천 가능한 방법은 '주말 공부' 시간을 확보하는 것입니다. 그만큼 중고등 시기에는 평일 공부만큼이나 '주말 공부'가 중요해지고, 주말 공부를 얼마나 열심히 하느냐에 따라 성적도 달라집니다.

초등 시기 대비법 ⑦

중학생을 대상으로 과외나 상담을 하다 보면 이미 초등학교 때 '평일은 공부하는 날, 주말은 노는 날'이라는 인식이 강하게 박혀 있는 아이들이 많다는 걸 알게 됩니다. 이는 중등 때부터 '주말 공부'라는 새로운 습관을 심어주는 데에 상당한 걸림돌이 됩니다. 초등 때부터 주말 공부를 강요하거나 권장하고 싶지는 않습니다만, 앞서 얘기한 '복습의 날'만큼은 평일보다는 주말 중 하루를 활용해 습관을 잡아주었으면 합니다. 주말은 노는 날이 아니라 '일주일간 했던 공부를 복습하는 날'이라는 생각만 심어주어도 중등 때 주말 공부를 본격적으로 시작하기가 수월해질 거예요. 플래너 역시 매주 주말 중 하루는 일주일간 작성했던 플래너를 되짚어보며 잘 실천했는지, 부족한 부분은 없었는지, 점검하는 시간을 가져주는 것이 좋습니다.

그리고, 이보다 훨씬 중요한 게 있는데요. 게임이나 SNS 등을 평일에는 통제하고, 주말에 몰아서 사용할 수 있게 허락해주는 분들이 많습니다. 얼핏 보면 합리적인 것 같지만 특히 경계해야 할 일 중 하나입니다. 중고등 때는 주말 공부가 정말 중요해지는데, 초등 때부터 '주말은 전자기기 마음껏 사용해도 되는 날'이라는 인식을 갖게 되면 그 인식을 되돌려놓기가 힘듭니다. 이는 일종의 걸림돌로, 주말 공부의 중요성을 알 겨를조차 없게 만들죠. 그러니 게임, SNS 등 전자기기 사용은 되도록 금지하는 게 가장 좋고, 그러지 못하더라도 주말에 몰아서 허락해주는 것보다는 차라리 평일과 주말의 구분을 두지 않고, 매일 몇 분씩 사용하게 해주는 것이 현실적으로 더 이롭습니다.

무엇보다 학교와 학원이 있는 평일에 비해 주말의 루틴은 무너지기 쉽습니다. 그에 따라 주말만큼은 숙제, 개인 공부 시 '규칙적인 휴식 시간'을 보장해주는 것이 좋습니다. 공부를 잘하는 중고등학생들은 5시간 넘게 제자리에 앉아 있는 학생이 아니라 규칙적인 휴식 시간을 가지면서 최상의 컨디션으로 공부할 수 있는 학생입니다. 그러니 주말에는 '50분 공부, 10분 쉬는 시간' 또는 '30분 공부, 5분 쉬는 시간' 등 아이의 상황에 맞게 규칙적인 휴식의 습관 역시 만들어 주세요. 사소해 보여도 중고등 6년간 '번아웃'을 예방하면서 열심히 공부할 수 있는 밑바탕이 되어줄 것입니다.

4-8

중고등 공부는 결국 멘탈 싸움입니다

중고등 시기의 특징 ⑧

앞서 언급했듯 공부법 자체는 차고 넘칩니다. 중고등 공부법은 유튜브를 검색하거나 당장 저의 저서 《공부는 멘탈 게임이다》, 《의대 합격 고득점의 비밀》만 읽어봐도 쉽게 얻을 수 있어요. 그러나 중고등 시기의 성적 차이는 공부법 자체에서 오는 게 아닙니다. 그 공부법을 어떻게 자신의 것으로 만들 수 있느냐, 공부하면서 힘든 순간이 오더라도 누가 그 순간에 포기하지 않고 끝까지 해낼 수 있느냐의 차이인 거죠. 중고등 공부를 '멘탈 싸움'이라고 해도 큰 무리가 없는 이유입니다. 멘탈 관리를 위해서는 아이 스스로의 노력도 중요하겠지만, 부모님의 역할도 매우 중요합니다.

초등 시기 대비법 ⑧

단원평가든 경시든 시험이 끝나고 나면 부모님은 아이의 시험 결과에 관심을 가질 수밖에 없습니다. 이쯤에서 저희 엄마 얘기를 하지 않을 수 없는데요. 저희 엄마는 제가 시험을 보기 전에도, 시험을 보고 난 후에도 결코 성적에 대해 묻지 않았습니다. '시험 잘 봐라', '시험 잘 봤니?' 등의 얘기를 꺼내는 대신 '시험 준비하느라 수고했다'라는 말을 늘 먼저 하셨죠. 시험 성적을 갖고 부담을 준 적이 단 한 번도 없었다는 것입니다.

학생들이 시험에 부담을 느끼는 이유는 크게 두 가지입니다. 하나는 '공부한 만큼 시험 성적이 안 나올까 봐', 나머지 하나는 '엄마한테 혼날까 봐'입니다. 저는 엄마가 주는 부담이 없었기에, 시험에서 실력을 제대로 발휘할 수 있었다고 생각합니다. 시험 끝나고 엄마와 처음 대면했을 때 '시험 잘 봤니?'가 아니라 '고생 많았어, 저녁에 맛있는 거 해줄까?'라는 말을 들으면 힘이 날 수밖에요. 엄마는 초중고 내내 이러한 태도로 저와 시험을 대하셨습니다. 저는 항상 시험을 잘 본 게 아닙니다. 초중등 때는 미끄러진 과목도 있었어요. 물론 그 때문에 엄마가 아쉬워했을 수도 있습니다.

그러나 이거 하나는 강조하고 싶습니다. 시험 성적 때문에 아이를 심하게 나무란다고 해도 달라지는 건 아무것도 없습니다. 이미 엎질러진 물이고, 주워 담을 수가 없다는 거죠. 지나간 시험을 들먹이면서 아이에게 화를 내면 서로 감정만 다치고 관계만 악화됩니다. 좋은 성적을 못 받았을 때 가장 속상한 건 부모님이 아니라 아이 본인이에요. 겉으로 내색하지 않는다고 해도 누구보다 안타까워하고 있을 거란 얘기죠. 그런 아이에게 이미 끝난 시험 결과에 대해 운운하는 건 바람직하지 않습니다. 사실 아이들에게 먼저 성적을 물어보지 않아도, 아이들이 시험 후에 집에 돌아오는 모습만 봐도 알 수 있어요. 웃으면서 뛰어오는 아이라면 분명 성적이 올라서 자랑하고 싶은 마음이 가득할 것이고, 평소와 달리 어깨도 축 처지고 표정이 안 좋다면 뭔가 시험 성적이 잘 안 나온 거겠죠. 그러니 앞으로는 시험이 끝난 아이에게 먼저 성적을 물어보지 말고 첫 마디만큼은 '기특하구나', '수고했어'라고 말해주세요. 때로는 아이를 위한 따끔한 질책도 필요하지만, 피드백이 그저 질책으로만 끝나서는 안 됩니다.

아이에게 필요한 건 '약점 보완을 위한 피드백' 과정입니다. 그렇기에 다음에는 그 성적보다 더 좋은 성적을 받을 수 있게끔 아이와 함께 시험 과정에 주목해야 합니다. 저는 초등학교 고학년부터 중학교 때까지 시험 성적표가 나오면 엄마와 형과 함께 피드백하는 시간을 가졌습니다. 특히 중학생 때는 함께 시험지를 보면서 시험 준비 과정이 어땠는지 얘기를 나누었죠. 가령 이 문제를 왜 틀렸는지, 시험을 준비하면서 학원과 문제집이 도움이 되었는지, 시험 준비 기간이 충분했는지, 힘들었거나 아쉬웠던 부분은 없었는지 등을 나누며 부족한 것을 보완할 수 있었습니다. 초중등 때부터 엄마가 시험 과정에 주목해주었기에 좀 더 객관적으로 저의 상황을 직시할 수 있었고, 똑같은 실수를 반복하지 않게 되었습니다. 아주 큰 역할이었다고 볼 수 있죠.

아이가 좋은 성적을 얻지 못하면 화가 나고 속상하다는 것을 누구보다 잘 알고 있습니다. 제게 과외를 받는 학생들 또한 '더 잘할 수 있는데 왜 이것밖에 못 했을까?' 하는 생각을 저 역시 하고 있습니다. 그러나 분명한 건 아무리 화를 내봤자 달라질 게 없다는 겁니다. 성적에 대해, 공부에 대해 따끔하게 충고 정도는 할 수 있습니다. 지극히 자연스러운 현상이고요. 나무라기 전에 아이의 공부, 시험 과정을 꼭 함께 점검해보길 권합니다. 그리고 그 과정에서 어떤 점이 부족했는지 아이 스스로 파악할 수 있도록 도와주세요.

아이 혼자서는 자기 자신을 살피기 어렵습니다. 더불어 아이가 시험이 끝나고 집에 왔을 때, 첫 마디에 신경 써주세요. 사소한 한 마디가 아이에게 큰 위로와 정서적 안정감을 줍니다. 그것이 또한 아이의 공부에 영향을 주게 되고요. 처음에는 어색하고 힘들 수 있습니다. 그러나 이러한 상황이 반복된다면, 아이는 점차 시험에 대한 자신감을 얻게 될 것이며 분명 모든 면에서 나아질 거예요.

Chapter

5

내가 초등학생 때, 부모님이 해주신 것들

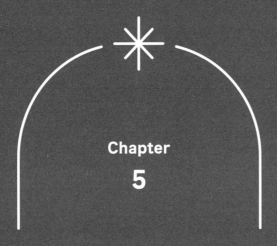

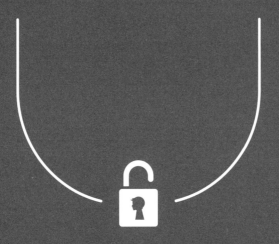

5-1

거실 공부:
거실 소파 뒤에는 3개의 큰 책장이 있었습니다

저의 초등 시기를 떠올릴 때 가장 기억에 남는 것 중 하나가 바로 '거실 공부'입니다. 이를테면 저의 주 활동 공간이 거실이었던 것이죠. 거실이 넓었던 건 아니었지만, 집에 제 공부방이 따로 없다고 느낄 정도로 저는 한사코 거실에만 있었습니다. 학교 숙제나 학원 숙제 역시 늘 거실에 테이블을 펴두고 했습니다. 제겐 쌍둥이 형이 있는데요. 형과 함께 그 테이블에 나란히 앉아 숙제를 했습니다. 사면이 뚫린 거실인 데다 부모님의 시야 안에 있다 보니 딴짓도 자연스럽게 안 하게 되고, 집중력도 향상되었습니다. 소파 뒤에는 3개의 큰 책장이 있었는데 동화나 소설 같은 문학책과 과학, 역사, 인물, 시사상식 등의 지식책이 종류별로 그 책장에 꽂혀 있었죠. 책장이 거실에 있다 보니 식후나 공부가 끝난 뒤, 쉬는 시간에는 어김없이 소파에 앉아 책을 읽었습니다. 그게 일상이었어요. 책이 멀리 떨어져 있으면 으레 잘 꺼내 읽게 되지 않을 텐데, 거실에 책이 떡하니 꽂혀 있으니 참새가 방앗간을 그냥 지나칠 수가 없었던 거죠. 책과 가까워질 수 있었던 가장 큰 이유이기도 합니다.

저희 가족은 식사를 부엌에서 하지 않고 거실에서 했습니다. 식사조차 거실에서 했으니 거실이라는 공간과 친숙해질 수밖에요. 학부모 상담을 하면서 알게 된 사실인데, 공부를 많이 시키는 집은 TV를 아예 없애버리기도 하더라고요. 저희 집은 거실에 TV가 있었고, 저는 TV 보는 걸 참 좋아했습니다. 《무한도전》, 《런닝맨》 같은 예능 프로그램도 좋아했고, 《뽀롱뽀롱 뽀로로》, 《짱구는 못말려》, 《꾸러기 닌자 토리》, 《놓지마 정신줄》, 《라바》, 《태극천자문》 같은 TV만화도 즐겨 봤습니다. 박지성 선수가 맨유에서 활약하던 때라 축구 경기도 챙겨 보곤 했고요. 이렇듯 제 초등 일상의 대부분은 거실에서 이루어졌습니다. 가장 익숙하고 편안한 공간이 거실이었고, 공부와 독서 또한 딱딱하게 느끼지 않을 수 있었어요. 결국, '거실 공부'가 제 공부 정서 형성에 매우 이롭게 작용했던 것이죠.

5-2

공부는 언제, 어디서 할래?:
공부하라고 말씀하신 적이 없었습니다

부모님은 저에게 공부하라고 잔소리를 하신 적이 단 한 번도 없었습니다. 제가 초등 학부모님들께 이렇게 얘기하면 대부분은 현실성이 떨어진다며 웃곤 합니다. 이렇게 말씀하시는 학부모님도 계셨어요.

"그거야 민찬 선생님이 어렸을 때부터 공부를 알아서 잘했으니 부모님이 잔소리할 필요가 없었던 거겠죠. 선생님이 아직 아이를 안 키워봐서 그래요. 아이들 대부분은 공부하라고 잔소리를 안 하면 공부를 진짜로 안 해요."

일리가 있는 얘기입니다. 그래서 저는 곰곰이 다시 생각해보았어요. 부모님은 분명 제게 공부하라고 직접적으로 말씀하신 적이 없는데, 게임도 많이 하고 야외 활동도 많이 했던 제가 어떻게 숙제만큼은 빼놓지 않고 꾸준히 할 수 있었는지 궁금했습니다. 먼저 초등 때 부모님이, 특히 엄마가 저에게 어떻게 해주셨는지 생각해보았습니다. '공부는 당연히 해야 한다'라는 전제하에 2차적인 부분에 대해 질문하셨더라고요. 예컨대 공부하라고 잔소리를 하는 게 아니라 2차적인 것들, 즉 공부를 '언제' 할 건지, '어디서' 할 건지에 대해 저와 이야기를 나눴다는 것입니다.

그러니까 이런 식이었죠. 학원에 갔다가 집에 오면 "얼른 숙제해"라고 말씀하지 않으셨습니다. 제가 게임을 좋아했기 때문에 엄마는 '숙제해야 한다는 것'을 전제한 후 "민찬아, 숙제는 게임 끝나고 할 거야? 아니면 게임 전에 할 거야?"라고 물으셨습니다. 이러면 저는 당연히 '오늘 숙제를 해야 하는 사람'이 되는 것이고, '게임 전후'만 결정해서 대답하면 되었어요. 다른 예를 들어보겠습니다. 저는 엄마와 함께 카페나 도서관에 가는 것도 좋아했습니다. 엄마는 제게 "주말에는 금요일에 받은 숙제 해야지"라는 말 대신 "민찬아, 오늘은 엄마랑 도서관 가서 같이 공부할까? 아니면 카페 가서 공부할까? 집에 있고 싶으면 집에서 공부해도 돼"라고 말씀하셨죠. 이런 질문을 받으면 저는 자연스럽게 '카페', '도서관', '집'이라는 공부 장소를 고민하게 됩니다. 공부 '여부'가 아닌 공부 '장소'에 대한 선택지가 놓이는 거죠. 더불어 공부할 과목에 대해 "민찬아, 오늘은 무슨 공부부터 할래? 수학 공부? 아니면 영어부터 할까?" 등의 질문을 하기도 했습니다. 이 역시 공부 여부가 아닌 과목의 선택에 관한 질문이었습니다. 공부는 '당연히 해야 한다'라는 전제가 깔려 있었던 것이죠.

엄마의 이러한 질문은 공부에 대한 인식을 자연스럽게 정립해 주었습니다. 말하자면, 숙제나 공부를 미루지 않을 수 있게 해준 거예요. 늘 숙제 검사를 해주셨고, 칭찬과 격려도 아낌없이 보내주셨습니다. 이는 엄청난 동력으로 끊임없이 작용해 왔습니다. 아이의 공부 정서를 지키면서도 아이 스스로 공부하게끔 하는 '독려의 질문'은 백 마디 잔소리보다 큰 효과를 가져올 것입니다.

5-3

다양한 운동 경험:

저는 운동을 정말 좋아하는 아이였습니다

어려서부터 저는 운동을 참 좋아했습니다. 운동만큼은 제가 하고 싶은 걸 다 하게 해주셨지요. 6살에 태권도를 배우기 시작해 초3 때는 3품까지 딸 정도로 열심히, 그리고 즐겁게 임했습니다. 태권도뿐만 아니라 줄넘기, 뜀틀, 달리기, 피구 등 많은 것들을 배웠고 이 과정에서 친구들이랑 어울리며 친구 관계에 관한 정서도 비교적 일찍 접할 수 있었습니다. 초등학교 1학년 때부터 3년 동안은 야구단도 했습니다. 정식 야구단은 아니었고, 당시 야구를 좋아하던 아빠의 지인들끼리 모여 만든 야구단이었습니다. 저희 아파트 상가에 있는 마트 사장님이 감독, 세탁소 사장님이 코치였던 걸로 기억해요. 1년 정도 지난 시점에는 규모가 제법 커져, 스무 명이 넘는 아이들이 같은 유니폼을 입고 모이게 되었습니다.

매주 일요일에 운동장에 모여 같이 연습도 하고, 다른 야구팀과 정기적으로 시합을 하기도 했습니다. 초등학교 2학년 때 우익수 쪽으로 멋진 안타를 쳤던 날, 달리기가 느려 1루에서 아웃을 당해버렸고 아쉬운 마음에 펑펑 울었던 기억도 있어요. 경기 후 다 함께 만들어 먹은 시원한 수박화채가 속을 달래주었지만요. 저는 탁구도 참 좋아했습니다. 특별한 일정이 없으면 매주 주말 아빠와 형과 함께 탁구장에 갔습니다. 승부욕이 강한 저는 이길 때까지 치자며 아우성이었고, 그런 저에게 형이 일부러 져주었던 기억도 있습니다. 물론, 초등 고학년이 되어서도 운동에 대한 열정은 식지 않았어요.

6학년 여름에는 테니스도 배웠습니다. 힘들지만 재미있었고, 그때 체력이 많이 좋아졌습니다. 이외에도 봄, 가을 등 날씨가 선선할 때는 엄마와 밖에 나가 배드민턴을 치는 게 일상이었습니다. 아빠와 캐치볼 연습을 하기도 했고요. 동네 공원에 누구나 이용 가능한 간이 골프 시설이 있었는데, 퍼터 하나 들고 퍼팅 흉내를 내기도 했습니다. 이렇듯 저는 초등 때 정말 다양한 운동을 경험할 수 있는데요. 중고등 때는 앉아서 공부만 하다 보니 살이 많이 찌게 되었고, 고등학교 졸업할 때쯤엔 몸무게가 100kg이 넘기도 했습니다. 이를테면 체중 관리에 실패한 것인데, 그럼에도 공부할 때는 체력적으로 힘들었던 적이 단 한 번도 없었습니다. 초등 때 다양한 운동을 경험한 덕을 제대로 본 것이죠.

이러한 이유로, 초등 때 운동과 관련된 예체능을 한두 개 정도는 시켜보는 걸 추천합니다. 다만, 운동을 싫어하는 아이가 있다면 꼭 예체능 학원까지는 아니어도 되니 아이와 배드민턴을 치거나 자전거를 타는 등의 활동을 함께 해주시길 바랍니다.

5-4

공부 정서: 고학년 때, 저는 제가 스스로 공부를 시작한 줄 알았습니다

초등 저학년 때 저는 학교에서 공부로 크게 눈에 띄는 아이가 아니었습니다. 반장은 고사하고, 수업 시간에 적극적으로 나서본 기억도 별로 없어요. 누구보다 조용하고 평범했죠. 그러다 4학년이 되면서부터 노는 시간을 줄이고 공부에 더 많은 시간을 투자하게 되었고, 좋은 점수를 얻기 위해 더 많은 문제집을 풀며 열심히 공부하기 시작했습니다. 그러다 보니 저는 제가 4학년 때 어떠한 계기로 인해 스스로 공부한 줄로만 알았습니다. 성인이 되고 나서 엄마와 이야기를 나눈 후에 비로소 제가 착각했다는 걸 알 수 있었죠.

이는 모두 엄마의 의도였습니다. 4학년 담임 선생님은 엄마와의 상담 시간에 처음으로 저와 제 쌍둥이 형에 대해 "이 둘은 수업 태도도 좋고 집중력도 좋아서 공부를 제대로 더 시켜봐도 좋을 것 같다"라고 말씀하셨다고 합니다. 그때부터 엄마도 마음을 먹고 문제집, 공부 시간 등 저희 형제의 공부에 대해 구체적으로 짚어나간 것이죠. 저는 당시 엄마의 의도를 전혀 몰랐습니다. 이는 그 모든 과정이 자연스러웠음을 의미하기도 합니다.

저희 집 형제는 저와 제 쌍둥이 형, 둘뿐입니다. 제가 막내예요. 그 때문인지 저는 엄마랑 늘 붙어 다니며 수다도 많이 떨었습니다. 막내딸 같은 느낌이었죠. 그러다 보니 공부에 관한 이야기들도 자연스럽게 많이 나눌 수 있었고 공부 시간, 게임 시간, 문제집 분량 등의 결정에도 제 의사가 충분히 반영되었습니다. 일방적이지 않았다는 것입니다. 학원이나 문제집을 선택할 때도 엄마 혼자 결정한 적이 단 한 번도 없었습니다. 지금 다니고 있는 학원은 어떤지, 시험 성적에 학원이 얼마큼의 비중을 차지하는지 등 항상 상의하고 결정했습니다. 형과의 선의의 경쟁도 물론 한몫했습니다. 만약 평소에 엄마랑 대화를 거의 하지 않고 사이가 좋지 않았더라면, 엄마가 '공부'를 주제로 이야기를 꺼냈을 때 더 거부감이 들었을 것입니다. 하지만 평상시에 엄마랑 사이가 워낙 좋고, 잠자리 독서를 어렸을 때부터 초3까지 꾸준히 해주셨기에 다양한 주제로 대화를 나눠왔습니다. 특히 잠자리 독서 때는 '공부의 중요성'을 책의 내용과 엮어 이해하기 쉽게 알려주기도 하셨어요. 그래서 엄마가 공부 이야기를 본격적으로 꺼냈을 때도 늘 하던 대화에서 새로운 주제 하나가 더 추가되었다고 느꼈을 뿐, 부담스럽지가 않았죠. 자연스럽게 공부량도 늘게 되었고요.

결국, 중요한 건 대화였어요. 대화의 힘은 단기간에 만들어지는 게 아닙니다. 시간이 쌓이면서 점진적으로 만들어지게 되는 것이죠. 대화의 힘은 공부 정서에 지대한 영향을 끼친답니다.

5-5

예절과 가족의 중요성:
1순위는 늘 공부가 아닌 올바른 인성이었습니다

공부도 공부지만, 바른 사람이 되어야 한다는 이야기를 부모님에게 늘 들었습니다. 웃어른에 대한 공경부터 상대방에 대한 배려, 기본적인 예절 등을 중시하셨고 제가 실수할 때마다 하나하나 고치고 바로잡아주셨습니다. 밥상머리 교육도 빼놓을 수 없었습니다. 매일 저녁, 아빠가 퇴근한 후 4명의 가족이 거실에 모여 앉아 저녁을 먹으며 다양한 이야기들을 나눴습니다. TV를 보면서 밥을 먹기도 했는데 주로 뉴스나 다큐멘터리 등을 보며 서로의 생각을 나누었죠. 더불어 이슈, 시사, 사건 사고 등을 통해 다양한 지식을 쌓을 수 있었고요. 그러한 간접 경험과 부모님의 가르침이 훗날 저의 인성에도 많은 영향을 끼쳤습니다.

부모님은 '가족의 중요성'에 대해서도 강조하셨습니다. 명절이 되면 어김없이 영광과 장흥, 해남으로 친척들을 뵈러 갔고 그때 아빠는 차 안에서 친척 간 교류의 중요성에 대해서 거듭 말씀하셨습니다. 당시에는 별로 와닿지 않았는데 성인이 되고 나서 되돌아보니 서로에게 가장 큰 힘이 되어주는 이는 결국 가족이더라고요. 무릇 가족이란 어떠한 이해관계에도 얽혀 있지 않고, 조건 없는 사랑을 주고받을 수 있는 존재이기 때문이지요.

"슬플 때는 누구나 같이 울어줄 수 있지만, 기쁠 때 같이 웃으며 진정으로 축하해주는 건 결국 가족이란다."

엄마도 가끔 제게 이런 얘기를 했습니다. 이 또한 당시에는 이해가 잘 안 되었는데 커 보니 알 것 같았습니다. 타인이 잘 되었을 때, 질투하지 않고 깨끗한 마음으로 축하해줄 이는 가족뿐이라는 것을요. 가족은 든든한 버팀목입니다. 존재 자체만으로도 힘이 되고 위안이 되지요. 공부 때문에 힘든 나날을 보내던 중고등 시기에도 가족이 있었기에 포기하지 않고 버틸 수 있었습니다. 이런 가족의 중요성을 어릴 때부터 일깨워주고, 몸소 사랑을 실천하신 부모님께 감사할 따름입니다.

5-6

부모님의 역할 분배:

엄마는 교육, 아빠는 야외 활동을 담당하셨습니다

아빠는 석재 사업가였습니다. 돌로 석상이나 비석, 납골함 등을 만드셨죠. 평일에는 일하느라 바쁘셨기에 저와 제 쌍둥이 형의 교육은 엄마가 전담하셨습니다. 학원이나 문제집을 먼저 알아보는가 하면, 학교와 학원 등의 픽업도 엄마가 담당해주셨습니다. 당연히 공부에 관한 고민도 엄마와 함께 나눴습니다. 엄마와는 교육 이외의 활동도 많이 했는데요. 영화관에도 자주 가고, 마트에서 함께 장을 보기도 했습니다. 카페나 도서관에서도 많은 시간을 엄마와 함께 보낼 수 있었습니다.

아빠는 공부 이외의 것들, 특히 야외 활동에 있어 큰 역할을 해주셨습니다. 주말에는 아빠와 야구를 하거나 탁구를 쳤고, 종종 낚시도 했습니다. 어릴 때 살았던 곳이 목포라 강이나 바다를 비교적 가까이서 접했거든요. 특히 해남에서 김 사업을 하는 작은할아버지가 작은 배를 갖고 계셔서, 그 배를 타고 바다에 나가 낚시를 했던 소중한 기억도 있습니다. 초1 때 저와 형은 자동차에 빠져 있었습니다. 저녁을 먹은 후에 아파트 주차장에 주차된 차들을 보며 차 이름을 맞히는 게 일상일 정도였습니다. 그 당시 목포에는 BMW 매장이 없었는데요. 형이랑 제가 BMW 차를 더 보고 싶다고 해서 광주에 있는 BMW 매장까지 데려가 구경을 시켜주고, 카탈로그까지 하나씩 받아오기도 했습니다. 이처럼 아빠는 다양한 야외 활동들을 함께 해주셨고, 초등 시기에만 얻을 수 있는 소중한 추억들을 많이 만들어 주셨습니다.

그 때문인지 저는 초등 때부터 중고등 때까지 공부에 대한 큰 부담이 없었습니다. 만약 부모님 두 분 모두 공부 이야기만 하고, 공부에 노골적으로 관여하셨다면 아마 부담이 되어 공부를 제대로 하지 못했을지도 모릅니다. 그러나 공부에 관여한 건 오직 엄마였고, 중고등 때도 아빠는 일 때문에 바빠 공부에 관여하지 않으셨죠. 그 덕에 편한 마음으로, 자신 있게 공부할 수 있었고요. 한 가지 아쉬운 게 있다면 중학생이 되면서 공부에 더 많은 시간을 쏟다 보니 교육에 관여하지 않는 아빠가 자연스레 소외되었다는 거예요.

정리를 해보자면, 저는 부모님 두 분의 확실한 역할 분배가 있었기에 초등 때 공부에 대한 부담을 덜 느끼고, 소중한 추억도 많이 쌓을 수 있었습니다. 만약 두 분 다 아이의 공부에 관여하는 분위기의 가정이라면, 두 분 모두 교육에 신경을 쓰되 '공부하라'는 말 자체는 한 분만 해주시길 바랍니다. 그래야 아이의 부담을 덜 수 있어요. 더불어 저희 부모님처럼 역할 분배를 하더라도 어느 한쪽이 아이의 교육에 아예 무관심하기보다는 아이가 어떤 공부를 하고 있는지, 또 수준은 어떠한지 정도는 알고 있는 게 좋습니다. 일주일에 한 번, 아니면 한 달에 한 번, 그것도 어렵다면 분기에 한 번이라도 좋으니 꼭 두 분이 아이 교육에 대해 이야기를 나누는 시간을 가지시면 좋겠어요. 그래야 나중에 아이가 중고등학생이 되더라도 소외감을 느끼지 않고, 교육에 대한 최소한의 논의 정도는 지속할 수 있을 테니까요. 가족이 똘똘 뭉치면 더 큰 비전을 꿈꿀 수 있을 거예요.

5-7

자연스러운 영어 노출:
화상 영어와 회화 학원을 경험했습니다

저는 초1 때부터 영어 학원에 다니며 쉬운 영단어와 파닉스 위주의 공부를 시작했고, 3학년이 되면서부터는 집에서 화상 영어라는 것을 접하게 되었습니다. 화상 영어가 아직 보편화되지 않은 시기였던 걸로 기억하는데요. 엄마도 엄청난 목표가 있어 화상 영어를 시킨 건 아니었습니다. 가까운 친척 중 한 분이 화상 영어 사업을 시작한 것이 계기였죠. 저와 형은 아무것도 모르고 일단 시작했습니다. 뭔지는 모르지만 재미있어 보였어요. 그런데 수업 첫날, 저는 안 하겠다고 떼를 쓰며 울었습니다. 컴퓨터 앞에 앉아있는데 어떤 외국인 선생님이 화면에 등장해 영어로 말을 걸지 뭐예요. 외국인과 직접 대화해 본 적이 없으니까 저는 당황한 나머지 그 자리에서 거실로 뛰어나와 소리를 질렀습니다.

"엄마! 큰일 났어! 나 진짜 무슨 말인지 하나도 못 알아듣겠어. 나 안 할래!'

파닉스와 기본 영단어를 뗀 상태이긴 했지만, 문법도 잘 모르고 독해도 제대로 배워 본 적이 없었죠. 외국인과 대화를 나눠본 경험도 전무했습니다. 하지만 엄마는 저를 어르고 달래며 다시 자리에 앉혔습니다. 처음에는 힘들고 어려웠는데, 신기하게도 딱 한 달이 지나면서부터 원어민 선생님이 하는 말이 조금씩 들리기 시작하는 거예요. 저도 신이 나서 문장을 어떻게든 만들어 대화하기 시작했습니다. 어떤 교재였는지 정확히 기억이 나지는 않지만, 딱딱한 문법이나 독해 교재가 아닌 자연스럽게 회화 연습과 영작 연습을 할 수 있는 교재였어요. 이 과정에서 저는 처음으로 영어 회화를 제대로 접하게 되었습니다.

초4 때부터는 회화 학원에 다니게 됩니다. 소규모 과외 느낌이었는데, 같은 학교 친구의 엄마(미국에서 20년 이상 거주)가 선생님이었어요. 그분이 소규모 공부방 느낌으로 회화 수업을 진행한다는 소식을 듣고 저와 형은 호기심에 참여하게 되었습니다. 화상 영어는 100% 온라인 수업이었기에 그에 대한 흥미를 차츰 잃어가던 시기였고, 마침 오프라인 수업이 궁금했던 것이죠. 이 회화 수업을 통해서도 영어를 자연스럽게 습득했습니다. 매일 영어 일기를 썼고, 토익 스피킹 교재를 활용해 영어 말하기 연습도 했습니다. 저스틴 비버의 〈Baby〉 같은 팝송 가사를 함께 읽고 해석하면서 많은 얘기를 나누기도 했어요. 한 파트씩 돌아가며 따라부르기도 했고요. 영어 에세이, 특정 주제에 대한 글쓰기, 영어 토론도 좋은 경험이었습니다.

그러다 '영어 말하기 대회'를 함께 준비하게 되었고, 거기서 상을 받기도 했어요. 입시 영어가 아닌 그야말로 회화에 초점을 맞춘 수업이었던 거죠. 무엇보다 이전까지는 영어 원서라는 걸 읽어 본 적이 없었는데, 이 수업을 통해 《윔피 키드: Diary of a Wimpy Kid》 시리즈를 원서 형태로 함께 읽게 되었고, 서로의 생각을 공유하기도 했어요. 원서의 세계에 첫발을 내딛는 순간이었죠. 초등 고학년 때 입시 영어를 위해 다녔던 학원에도 원어민 선생님이 계셨습니다. 그렇게 저는 꾸준히 회화 수업을 경험했고, 자연스럽게 영어를 습득할 수 있었습니다.

제가 초등 때 경험한 영어 듣기, 말하기, 쓰기 공부는 나중에 큰 도움이 되었는데요. 사실 중등 때는 크게 못 느꼈습니다. 그도 그럴 것이 중등 영어 내신 시험은 본문만 '통암기'하면 풀 수 있는 시험이었고 독해, 문법, 단어 등 중등 수준 영어 개념만 알아도 아무런 문제가 없었죠. 그 효과를 제대로 본 건 고등학생이 된 직후였습니다. 고등 영어 내신과 모의고사는 생각보다 쉽지 않았고, 특히 모의고사는 절대평가라고 해서 결코 만만하게 봐서는 안 되었습니다. 아무리 열심히 영어 공부를 해도 시험에서는 모르는 단어가 나오기 마련이고, 해석이 애매한 맥락도 많아 언제든 난처해질 수 있기 때문이죠. 제가 초등 때 문법, 독해, 단어 위주로만 공부했다면 모르는 단어나 독해가 나왔을 때 제대로 대처하지 못했을 수도 있습니다.

그러나 다행히 초등 때부터 자연스럽게 영어의 맥락 파악을 연습해왔고, 고등 시험에서 모르는 단어나 독해가 나와도 앞뒤 맥락을 짚으며 어떤 의미인지 유추할 수 있었습니다. 전반적인 맥락이 한눈에 들어오게 된 것이죠. 이러한 맥락 파악 능력은 단기간에 채울 수 없습니다. 저의 경우, 초등 때의 화상 영어와 회화 수업이 고등학교에 와서 빛을 발하게 된 것입니다.

요즘은 어렸을 때부터 입시에만 초점을 맞춰 단어, 독해, 문법, 듣기 위주의 공부를 하는 초등 아이들이 많습니다. 초등 때만큼은 시간을 내 영어 원서, 회화 학원, 화상 영어 등 영어를 흥미 위주로 '언어답게' 접할 수 있는 수단을 활용하길 권합니다. 영어 그림책, 영어 동화를 비롯한 영어 원서 읽기는 아이가 영어를 자연스럽게 받아들일 수 있는 '기회'를 제공합니다. 요즘은 영어 동요, 영어 뮤지컬, 영어 요리 등 영어 노출을 체계적으로 기획하는 학원들도 많습니다. 이는 아이들의 공부 정서에도 적지 않은 도움이 될 것입니다. 어렵게 생각할 필요가 전혀 없습니다. 영어도 결국 언어이고, 그렇다면 국어처럼 공부하면 된다는 의미입니다. 우리가 국어 공부를 문법으로 시작하지 않은 것과 동일한 이치죠.

자연스러운 듣기, 말하기는 영어 공부의 첫 시작입니다. 고등 시기까지 내다본다면 맥락 파악 측면에서도 다른 아이들과 차별성을 가질 것입니다. 무엇보다 요즘 중고등 영어 수행평가에서는 영어 발표나 영어 토론을 해야 하는 경우가 많습니다. 교내 대회에도 영어 토론, 말하기 대회가 빠지지 않고요. '말하고 듣는 자신감'의 가능성은 무궁무진하답니다.

5-8

신중한 학원 선택:

무조건 유명한 학원에 보내지는 않으셨습니다

대형학원, 소수정예 학원, 잘 가르치기로 유명한 학원, 개별진도식 학원 등 우리 주변에는 셀 수 없을 만큼 다양한 학원이 있습니다. 아이에게 맞는 학원을 선택하는 게 쉽지 않은 까닭이고요. 그러다 보니 유명한 학원, 학부모들 사이에서 이름이 알려진 학원을 으레 선택하곤 합니다. 물론 유명한 학원이라는 건 그만큼 실적도 좋고, 체계적인 커리큘럼을 확보하고 있음을 방증하죠. 위험 부담도 적을 테고요. 저 역시 형과 엄마와 함께 유명한 학원을 1순위로 고려했으나, 단지 유명하다는 이유만으로 그 학원을 선택하지는 않았습니다.

첫 번째는 수학 학원입니다. 이전까지는 학원에 다니지 않다가 초

3부터 수학 학원에 다니기로 하고 그때부터 주변 학원을 알아보기 시작했습니다. 제가 살던 지역에 유명한 수학 학원이 몇 군데 있었는데, 크게 심화 위주 학원과 선행 위주 학원으로 갈렸습니다. 저는 수학 학원이 처음이기도 하고, 선행보다는 현행 위주의 공부가 더 낫다고 판단해 엄마와 함께 어느 정도의 결론을 내렸습니다. 그리고 단체 진도보다는 제 수준에 맞는 개별 진도 학원을 선택했습니다. 유명한 학원은 아니었지만, 저의 성향과 참 잘 맞았습니다. 특히 저는 모르는 개념이나 문제가 생기면 바로 물어보고 해결하는 걸 좋아했어요. 그래서 대형학원보다는 개별 진도식 학원이 더 적합하다고 생각했죠. 물론 소수 인원으로 진행되는 학원을 갈 수도 있었지만, 첫 수학 학원이었던 만큼 일대일 관리를 받고 싶은 마음이 컸어요.

다음은 영어 학원입니다. 제가 살던 지역에서 유명했던 영어 학원은 영어를 많이 시키기로 소문난 학원이었어요. 가령 엄청난 양의 단어를 외우게 한다든가 틀린 단어를 수십 번씩 다시 쓰게 하고, 남겨서 보충도 많이 시키는 학원이었죠. '고등 영어를 초등 때 다 끝낸다'라는 식의 마인드는 학부모들의 환심을 살 만했죠. 그러나 저희 엄마는 초등 때 그렇게까지 하면 힘든 것은 물론 영어 자체에 질려버릴 거라 했고 초3 때부터 문법, 독해, 단어를 배우되 조금 더딜지라도 탄탄한 실력을 만들 수 있는 학원을 알아보자고 했습니다. 그렇게 저는 숙제 부담도 많지 않고, 단어도 적당히 시키는 평범한 영어 학원에 다니게 되었습니다. 제 수준에 맞게 차근차근 영어 실력을 향상할 수 있었죠. 고등학생 때도 마찬가지였습니다. 단순히 유명한 영어 학원 대신, 고등학교 최상위권 선배들이 다닌 소규모 학원에서 학교 내신에 특화된 수업을 들었어요.

국어 학원에 대해서도 잠깐 얘기해 볼게요. 저는 초4 때까지는 집에서 책만 열심히 읽었습니다. 주변을 둘러봐도 학원에 다니는 분위기가 아니었고, 저 역시 그에 대해 별생각이 없었습니다. 평소 책을 즐겨 읽기도 했고, 독서록 쓰는 걸 워낙 좋아했으니까요. 말하는 것도 좋아해서 교내 토론대회 같은 게 있으면 자진해서 나가곤 했습니다. 그러다 5학년 때 엄마가 논술 같은 걸 배워보면 어떻겠냐고 물어오셔서 학원에서 상담을 받았습니다. 독서 토론, 역사 논술 같은 것들을 하는 학원이더라고요. 당시 주변에 있는 유명한 국어 학원은 중고등 선행 위주가 대부분이었지만 말하고 글쓰기를 좋아한 저는 장점을 살리고자 논술학원에 다니게 되었습니다. 역사를 주제로 한 글쓰기 수업과 특정 주제에 대한 활동지 작성 등을 통해 논리력과 사고력을 기를 수 있었어요. 무엇보다 학원에서 방법론을 배우니 말하기와 글쓰기에 대한 자신감이 자신감으로만 그치지 않고 엄청난 시너지를 가져오게 되었죠. 이는 곧 중고등 수행평가의 발표와 토론에 많은 영향을 주었습니다. 더불어 학교에서의 생활에도 이롭게 작용했고요.

이러한 저의 경험담은 사교육 조장의 목적이 결코 아닙니다. 사교육의 도움 없이 집에서 아이를 교육할 수 있다면 얼마든 그렇게 해도 좋습니다. 단, 아이에게 사교육을 받게 할 생각이라면 학원 선택의 분명한 기준이 있어야 한다는 거죠. 결국, 학원의 '유명세'가 절대적인 기준이 되어서는 안 된다는 얘기입니다. 아이의 성향에 맞게 신중하게 선택한다면 분명 좋은 결과가 있을 거예요. 저희 엄마와 제가 그랬던 것처럼요.

5-9

잠자리 독서: 초등 6년 내내 엄마는 저의 든든한 독서 조력자였습니다

상담이나 강연을 할 때 학부모님들께 특히 강조하는 것이 있습니다. 바로 '잠자리 독서'입니다. 아무리 바쁘고 피곤하더라도 매일 밤 20분~30분은 시간을 내서 아이와 함께 책 읽는 시간을 가져야 합니다. 특히 아이가 스스로 읽기 싫어하는 장르나 분야가 있다면 부모님이 직접 읽어주는 것이 좋습니다. 저희 엄마도 제가 잠들기 30분 전에 매일같이 책을 읽어주셨고, 특히 '제가 스스로 읽을 수 있는 수준보다 한 단계 높은 수준의 책'을 읽어주셨어요. 가령 아직 초등 수준의 동화책 정도만 읽을 수 있는 단계일 때 청소년 소설을 읽어주는 것처럼요. 저는 혼자서는 어렵다는 이유로 안 읽었을 책들을 자연스럽게 접하게 되었고, 그 덕에 독서 수준을 단기간에 많이 끌

어울릴 수 있었습니다.

4학년이 되면서부터는 더 이상 잠자리 독서 시간에 엄마가 저에게 직접 책을 읽어주지 않았습니다. 이제는 제가 책을 읽으면 엄마도 엄마가 읽을 책을 가져와 각자 읽는 시간을 가졌죠. 하루에 해야 할 공부를 다 마치고 잠자리에 들기 30분 전, 그 고요한 시간에 엄마와 형과 저는 거실에 모여 자유롭게 책을 읽었습니다. 그때의 기분과 분위기, 심지어 책장 넘기는 소리까지 여전히 제 안에 남아 있어요. 참으로 따듯했던 기억입니다. 엄마가 직접 책을 읽어주지 않더라도, 한 공간에서 같은 행위를 하고 있다는 것만으로도 제게 큰 안정감을 주었습니다. 중학생이 되어서는 매일 밤(주로 방학에) 엄마와 형, 셋이 둘러앉아《현대산문의 모든 것》을 읽었습니다. 여러 문학 작품들의 주요 부분을 파트별로 소리 내어 읽고, 각 작품의 특징을 정리하는 시간을 가지기도 했죠.

지금 생각해보면 엄마는 문과적 성향이 강했던 것 같습니다. 문학적 해석이 필요할 때마다 엄마의 다채로운 첨언을 들을 수 있었죠. 수학, 과학은 몰라도 문학에 있어서는 엄마의 영향이 컸습니다. 다양한 문학 작품을 읽고 엄마와 나누었던 대화들은 제가 갖고 있던 문학적 성향을 잘 매만져주었어요. 꼭 독서가 아니어도, 밤 9시면 아빠가 주무셨기 때문에 11시가 넘으면 거실에 모여 엄마가 가운데, 형과 저는 양옆에 나란히 눕게 되었죠. 그때부터 이야기꽃이 활짝 피었어요. 주제는 정말 다양했는데 그날 있었던 일부터 함께 읽었던 책, 방학에 갈 여행지, 내일 저녁 메뉴 등 일상적인 얘기를 나누었습니다. 그러한 무수한 대화들 속에서 저의 언어 능력은 조금씩 연마되었답니다.

5-10

다양한 게임 경험:
돌이켜보면 정말 많은 게임을 했습니다

목포에서 태어나 초중고 12년을 다니며, 지방 일반고에서 중앙대 의대에 갔다고 하면 어려서부터 게임과는 거리가 멀었을 거라 생각하는 분들이 많습니다. 그럴 수 있다고 봅니다. 거짓말이 아니라 저는 10여 개가 넘는 종류의 게임을, 그것도 '자주' 했습니다. 〈피파 온라인 2〉, 〈진짜 야구 슬러거〉, 〈크레이지 아케이드〉, 〈카트라이더〉, 〈에이라이더〉, 〈케로로팡팡〉, 〈엘소드〉 등의 컴퓨터 게임을 비롯해 〈쿠키런〉, 〈바운스볼〉, 〈젤리킹〉, 〈템플 런〉, 〈앵그리버드〉, 〈스왐피〉, 〈레이디버그〉, 〈모두의 마블〉, 〈지오메트리 대쉬〉, 〈컴투스프로야구〉, 〈팔라독〉, 〈아이러브커피〉, 〈피아노타일〉, 〈아쿠아스토리〉, 〈돌아온 액션퍼즐패밀리〉 등의 모바일 게임도 즐겨 했습니다.

요즘에는 모바일 게임의 영향력이 줄었지만, 당시만 해도 스마트폰이 처음 나오던 시절이라 모바일 게임 시장이 PC 게임 시장보다 커질 거라는 전망도 있었어요. 그만큼 핸드폰으로 하는 게임이 많은 인기를 누렸던 거죠. 그 이전에는 '쥬니어네이버 게임랜드'라는 게 있었는데, 거기에는 다양한 종류의 게임들이 있었고 특히 '도전 퀴즈왕', '동물농장' 같은 게임은 너무너무 재미있어서 열중하며 즐겼던 기억이 있습니다.

아빠가 사다 주신 2008년식 '닌텐도 Wii'를 빼놓고는 제 게임 역사를 논할 수 없는데요. 〈말랑말랑 두뇌교실〉, 〈마리오 카트 Wii〉, 〈타운으로 놀러가요 동물의 숲〉, 〈Wii Sport Resort〉, 〈Wii Party〉, 〈패밀리 피싱〉, 〈마리오와 소닉 올림픽〉 시리즈 등을 형과 함께 신나게 했습니다. 그 모습을 부모님이 뒤에서 지켜보다가 어느새 다 함께 참여하기도 했죠. '닌텐도 DS'도 한창 재미있게 했습니다.

그러니까 저는 초등 때 PC, 스마트폰, 닌텐도 Wii, 닌텐도 DS 등 총 4개의 수단으로 게임을 했고, 그 당시 인기 있었던 웬만한 게임들은 다 경험해봤습니다. 돌이켜보면 어떻게 그럴 수 있었나 싶어요. 집이 PC방을 방불케 했을 정도니까요. 형과 함께 컴퓨터가 있는 방에서 야구 게임을 하고 있으면 엄마가 라면을 끓여주시거나 조미김과 밥, 묵은지 등의 간단한 간식을 챙겨주기도 했어요. 이렇듯 저는 그저 게임을 좋아하던 평범한 아이였습니다.

그러다 중학생이 되면서부터는 컴퓨터와 닌텐도를 모두 정리하고, 스마트폰으로만 게임을 하게 되었습니다. 집에 있는 시간이 줄고, 밖에서도 학원 이동 시간이나 휴식 시간에만 잠깐씩 할 수 있는 게 모바일 게임뿐이었기 때문이죠. 무엇보다 중등 때부터는 성적에 대한 욕심이 커졌고, 게임 시간을 스스로 조절하게 되었습니다. 재미있는 것은 초등 때 하고 싶은 게임을 다 해봐서 게임에 대한 미련이 남지 않았다는 건데요. 이게 공부할 때의 집중력을 더 끌어올려 주었습니다. 게임을 더 이상 못 해도 별로 아쉬울 게 없었던 거예요. 이렇듯 공부 동기부여는 게임 조절에 있어서도 중요합니다. 앞서 말씀드린 공부 동기부여 방법들을 통해 초등 때부터 공부 동기부여를 받을 기회를 마련해주시면 좋겠어요.

초등 시절 단순히 게임만 즐겼던 것은 아닙니다. 게임을 하면서 가족들과 많은 얘기를 나누었어요. 이를테면 전보다 훨씬 돈독해진 거죠. 부모님은 제가 하는 게임이라고 해서 그저 멀리서 바라보기만 한 게 아니에요. 게임에 대해 신나게 설명하면 귀 기울여 들어주셨고, 또 진지하게 관심을 가져주셨어요. 특히 제가 하는 게임을 저에게 직접 배우기도 하셨죠. 게임을 배척하지 않고 오히려 그것을 매개로 더 많은 소통을 하고자 하신 거예요. 그리고 제가 게임 시간을 초등 시기에 조절할 수 있었던 중요한 이유 중 하나는 부모님께서 '게임을 대체할 수 있는 놀이 수단'을 만들어주셨기 때문입니다.

앞서 언급한 것처럼 다양한 운동으로 게임을 대체할 수 있었고 특히 〈할리갈리〉, 〈우노〉, 〈아크로폴리스〉 등의 보드게임도 즐겨 했습니다. 장기, 오목 등을 온 가족이 함께 하기도 했고요. 정리하자면 이렇습니다. 아이가 게임에만 너무 빠져 있다면 일방적으로 게임 금지령을 내리지 말고, 게임을 대체할 수 있는 무언가를 만들어주세요. 찾아보면 아이와 함께 할 수 있는 활동이 많습니다. 지나친 게임은 분명 해롭지만, 적절한 선에서 지혜롭게 잘 활용하면 게임도 하나의 학습이 될 수 있다는 걸 잊지 마세요. 공부에 욕심이 생길 때쯤 자연스레 놓을 수 있다면 더 바랄 게 없고요.

5-11

한자/한국사/컴퓨터/국어:
저는 '시험' 앞에서만 열심히 공부했습니다

'시험'이 있어야 더 열심히 공부하는 유형, '시험'이 있으면 오히려 부담을 느끼고 공부를 안 하려는 유형…. 둘 중 저는 전자에 속했습니다. 시험이라는 목표가 설정된 후, 시험 날짜가 확실히 정해지면 비로소 공부 동기부여를 강하게 받고 더 열심히 공부하는 스타일이었죠. 엄마는 그러한 저의 성향을 파악하고, 학교 시험 이외의 것들을 배울 때도 가능한 한 시험의 요소를 넣으셨습니다.

초등학교 3학년부터 3년 정도 방과후 교실을 통해 한자를 배웠고, 당시 한자가 재미있고 적성에도 잘 맞아 2급까지 공부했습니다. 5급에서 준4급, 4급, 준3급, 3급, 준2급, 2급을 거치는 동안 계속해서 한자 시험을 치렀기에 그것이 한자를 놓지 않고 꾸준히 할 수 있는 원동력으로 작용했습니다. 이때의 성취 경험은 제가 중고등 공부를 하면서도 '노력하면 분명 성공할 수 있을 거라는 자신감'을 심어주었습니다. 한국사는 사실 학습만화를 읽거나 일반 흥미 위주의 줄글 책을 읽어도 되었습니다. 그러나 저는 '한국사능력검정시험 초급' 준비를 목표로 두고 한국사를 공부했습니다. 시험이 있다 보니 똑같은 내용을 공부하더라도 더 집중하게 되었고, 암기도 더 열심히 하게 되었습니다. 한 문제라도 더 풀기 위해 노력했던 기억이 있어요.

컴퓨터도 마찬가지입니다. 방과후 교실을 통해 한글과 파워포인트, 엑셀 등을 1년~2년 정도 배웠는데 당시에는 배움의 목적이 뚜렷하지 않았습니다. 단지 컴퓨터 자체가 재미있었을 뿐이죠. 그러나 컴퓨터 활용 능력 시험이라는 목표가 생기자 그때부터는 재미를 넘어서서 실력을 키워야겠다는 욕심이 생기게 되었습니다. 초6 때 저는 '국어능력인증시험(ToKL)'이라는 시험을 처음 접하게 됩니다. 엄마의 소개로 알게 된 시험이었고 평소 한자, 한국사, 컴퓨터 시험을 거치면서 '시험'이 주는 에너지를 스스로 잘 알던 터라 국어 역시 동일하게 공부했습니다. 국어에 대한 기본적인 지식과 실력을 다지는 계기가 되었죠.

이렇듯 엄마는 시험이 주는 공부 동기부여에 대해 정확히 인지하고 있었습니다. 저의 공부 성향과 스타일을 미리 파악하고 그걸 슬기롭게 활용한 예라고 볼 수 있어요. 시험이라는 소스를 써먹지 못했다면 한자, 한국사, 컴퓨터, 국어 모두 그렇게까지 열심히 하지는 못했을 겁니다. 물론, 초등 아이들 가운데 '시험'의 형태를 부담스러워하는 아이들도 많습니다. 아이의 성향 파악이 그래서 중요하고요. 성향을 이해하고 잘 활용한다면 아이의 수준이 눈에 띄게 향상될 거예요.

5-12

안정적 환경 제공:

집은 세상에서 가장 편안한 공간이었습니다

저는 초중고 12년 내내 집에만 오면 마음이 편안해졌습니다. 그만큼 부모님은 저에게 늘 정서적인 안정을 취할 수 있는 환경을 만들어주셨어요. 그렇게 느낄 수 있었던 가장 큰 이유는 아마도 부모님이 저에게 주신 많은 사랑 때문일 겁니다. 늘 사랑한다고 말해주셨고, 특히 엄마는 애정 표현이 남다른 분이었습니다. 왜, 어릴 때 애칭 같은 것이 하나씩은 있잖아요. 엄마는 저를 '예쁜이', '멍멍이'라 부르곤 했어요. 명절 때 할머니 댁이나 외할머니 댁에 가도 비슷한 기분을 느꼈습니다. 가족 모두 정이 많았고, 언제나 사랑이 넘치는 분들이었어요. 할머니, 외할머니가 사랑을 베풀어주셨기에 엄마, 아빠도 저에게 무한한 사랑을 줄 수 있었을 거라 생각해요.

중고등 시절이 힘들지 않았다면 거짓말입니다. 학교, 학원, 숙제, 시험, 수행평가, 입시 경쟁…. 어쩔 수 없는 스트레스가 제게도 있었죠. 그러나 그런 상황에서도 제가 포기하지 않고 버틸 수 있었던 건 다 부모님의 사랑 덕분이었습니다. 확신할 수 있어요. 그만큼 집과 가족이 주는 평온함은 정서적으로 큰 버팀목이 되어주었던 거예요. 특히 엄마는 요리 자격증을 딸 만큼 요리 실력이 뛰어났어요. 매일 저녁은 그야말로 진수성찬이 따로 없었지요. 그 덕에 살이 찌긴 했지만, 튼튼한 청소년으로 성장할 수 있었습니다. 힘들고 지쳐 귀가할 때, 편히 쉴 수 있는 나만의 공간과 맛있는 저녁 요리가 기다리고 있다면 발걸음이 조금은 가벼워지지 않을까요?

5-13

성실성:
아빠에게 '성실'이라는 자산을 물려받았습니다

저는 아빠에게 많은 것을 물려받았지만, 그중 가장 값진 건 아무래도 '성실성'일 것 같습니다. 부모님은 플래너 연습 등의 공부 습관 형성에는 구체적으로 관여하지 않으셨습니다. 이러한 공부 습관들은 다 제가 중학생 때부터 만들어가기 시작한 것들이죠. 부모님은 공부 습관이 아닌, 공부 습관을 스스로 실천할 수 있는 성실성을 알려주셨습니다. 그리고 그것은 공부에 크나큰 원동력이 되었죠.

아빠는 '성실성'을 말이 아닌 행동으로 보여주셨어요. 앞서 언급했듯이 아빠는 석재 사업을 하셨습니다. 정말 부지런하셨죠. 밤 9시면 어김없이 잠자리에 들었고, 새벽 4시에 눈을 떴습니다. 주말도,

휴가도 따로 없었습니다. 그러면서도 가족과 주변 사람들과의 관계를 소홀히 하지 않으셨습니다. 주변에는 늘 좋은 사람들로 넘쳤고, 바쁜 와중에도 여러 모임에 참석하면서 폭넓은 인간관계를 만들어 가셨습니다. 무더운 여름에도, 살을 에는 추위에도 아빠는 늘 야외에서 일을 하셨어요. 아빠라고 왜 힘들지 않았겠어요. 정해진 루틴을 칼같이 지키고, 시간 관리를 해나가는 아빠의 모습을 보며 아직 어린 저조차도 많은 것을 느꼈습니다.

거기서 발견한 것이 바로 '성실성'이 지닌 참다운 가치입니다. 그 가치는 자연스럽게 제 공부 습관 형성에도 많은 도움이 되었습니다. 도움이라기보다는 일깨움에 가깝겠지요. 아무리 값지고 소중한 가치라고 해도 그것을 말로 설명하는 데엔 무리가 있습니다. 아이가 아직 어리다면 그러한 가치의 설명들이 어렵고 추상적으로 느껴질 테니까요. 결국, 행동보다 직관적인 가르침은 없습니다. 모방 심리가 강한 유초등 아이들은 결국 부모님의 언어, 가치관, 행동 등을 보고 배울 수밖에 없어요.

제가 아빠로부터 성실성이라는 소중한 가치를 배웠던 것처럼, 아이들이 하길 바라는 것이 있다면 부모님들이 꼭 그 모습을 먼저 보여주시길 바랍니다.

Chapter

6

초등 아이들이 부모님께 바라는 것

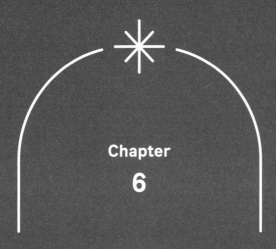

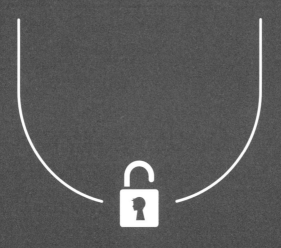

6-1

오래오래 건강하고 행복했으면 좋겠어요

초등 아이들은 생각보다 어리지만, 동시에 생각보다 성숙한 존재입니다. 어떨 때 보면 한없이 어리다는 느낌이 들지만, 또 어떨 때 보면 그 반대인 경우가 있다는 것이죠. 초등 아이들은 마음도 여리고, 두려운 것도 많고, 아직 모르는 것들도 너무나 많을 나이입니다. 이런 아이가 학원에 다니며 공부하고 있는 모습을 보면 짠하게 느껴질 때도 있습니다. 그런데요, 초등 아이들은 생각보다 성숙합니다. 아무것도 모르는 것처럼 보여도, 부모님의 표정 변화부터 기분까지 하나하나 다 느끼고 반응합니다. 그걸 겉으로 표현만 하지 않을 뿐, 머릿속에 다 기억해두고 있다는 겁니다.

엄마와 아빠가 싸워서 사이가 틀어졌다고 가정해봅시다. 티를 내지 않으려 해도, 아이는 엄마와 아빠 사이에 감도는 냉랭한 기운과 분위기를 감지할 수 있습니다. '아, 두 분이 무슨 일이 있구나' 하며 말이죠. 초등 아이들에게 부모님께 바라는 것을 물어보면 절반 이상은 '부모님이 앞으로도 건강하고 행복하게 오래오래 사는 것'이라 대답합니다. 초등 아이와 함께 지내다 보면 이 순간이 영원할 것 같다고 느낄 때가 있을 겁니다. 매일 반복되는 일상에 지겨움을 느끼는 분들도 있을 테고요.

그러나 당연하게도, 아이가 크면 클수록 부모님도 한 살 한 살 나이를 더 먹어가게 됩니다. 늘 아이를 1순위로 생각하고 아이를 위해 노력해주는 건 좋지만, 그 때문에 부모님 본인의 건강을 놓쳐서는 '절대' 안 됩니다. 아이를 위한 가장 큰 도움은 다름 아닌 '아이의 곁에 오래 있어 주는 것'이기 때문입니다. 바쁘다는 핑계로 건강검진을 놓치지 말고, 몸에 조금이라도 이상이 생기면 그 즉시 병원에 가서 진찰을 받으세요. 영양제도 챙겨 드시고요. 지금 당장은 아이를 위한다는 마음으로 무리해서 일하고 육아에 모든 걸 쏟아붓겠지만, 건강을 잃게 되면 그것들이 아무런 의미가 없어집니다. 부모님의 건강이 1순위가 되어야 한다는 뜻입니다.

그리고 저는 부모님이 먼저 행복하셨으면 좋겠습니다. 부모님이 행복해야 아이도 행복해지고, 부모님이 웃어야 아이도 웃습니다. 아이가 아직 어리고 아무것도 모르고 우둔해 보여도 부모님의 표정, 숨소리만 들어도 분위기를 직감할 수 있다는 것도 잊지 마시고요. 그런즉 부모님이 행복하다면 그 행복한 에너지를 아이에게 전해줄 수 있습니다. 매일 반복되는 일상 속에서 작은 취미를 가져도 좋습니다. 노래를 듣든, 필사를 하든, 그림을 그리든, 산책을 하든, 다 좋습니다. 반복되는 일상으로부터 오는 권태와 불행을 쫓아내기 위해 노력해주세요. 이를 통해 건강과 행복을 되찾아 아이의 든든한 조력자가 되어주시면 좋겠습니다.

부모님이 행복해야 아이는 집과 주변 환경으로부터 안정감을 느낄 수 있으며, 이는 아이의 학업에도 많은 영향을 주게 됩니다. 중요한 건 이것이 초등 시기에 국한된 이야기가 아니라는 겁니다. 예컨대 고등학생인 아이가 그날의 학업을 모두 끝내고 밤 11시에 집에 왔는데, 엄마와 아빠가 크게 다퉈 집안 분위기가 얼어있다면 과연 공부에 집중할 수 있을까요? 이 상황에서 아이한테 '이건 엄마, 아빠 사이의 일이니까 넌 신경 쓸 필요 없어. 얼른 씻고 방에 들어가서 너 할 일이나 해'라고 말하면 아이가 '아 그렇구나, 그냥 오늘 숙제나 해야지'라고 생각할 수 있을까요? 십중팔구는 그러지 못할 거예요. 이 상황 자체가 짜증도 나고, 아무래도 신경이 쓰일 수밖에 없죠. 그러니, 부부 사이에 좋은 관계를 유지할 수 있도록 힘써주세요.

만약 아이 앞에서 부모님이 다투었다면, 나중에라도 꼭 아이 앞에서 화해하는 모습을 보여주세요. 그러지 않으면, 아이는 부모님이 언제고 또다시 다툴 수 있다는 생각에 불안감을 느낄 수도 있으니까요. 어쨌든 아이들이 원하는 건 오직 하나, 부모님이 행복하고 건강한 것이니 이것을 꼭 기억하시고, 자신을 위한 점검과 투자를 멈추지 마세요.

6-2

학원을 왜 다녀야 하는지 알려주면 좋겠어요

학원이든, 과외든, 문제집이든, 초등 아이에게 뭔가를 교육할 때는 합당한 이유를 설명해주세요. 특히 저학년 아이라면 더더욱이요. 아이들이 어리다는 이유로, 아이들에게 그 공부를 해야 하는 이유를 알려주지 않고 무작정 시키게 되면 아이들은 어느 순간 혼란에 휩싸이게 됩니다. 본인이 왜 이 학원에 다니고, 왜 이 문제집을 풀어야 하는지 모르면 공부 의지도 함께 꺾여버린다는 것이죠. 제가 겨우 예닐곱 살일 때도 저희 엄마는 '행위에 대한 이유'를 반드시 구체적으로 설명해주셨습니다. 공부뿐만 아니라 일상에서의 사소한 활동까지도 말이죠. 거창한 이유가 아니었으나 저는 고개를 끄덕였고, 일종의 당위성을 찾을 수 있었습니다.

이는 '설득'과는 조금 다릅니다. 아이들에게 필요한 것이라면 시키되, 아이의 눈높이에 맞게 그 이유를 설명해주시면 좋겠다는 것입니다. 품이 많이 드는 일도 아니고요. 예컨대 수학 연산 문제집을 풀게 한다면 그냥 '풀어!'라고 말하지 마시고, '수학에서는 계산 실수 때문에 틀리는 형, 누나들이 정말 많아. 그래서 초등 때부터 계산 연습을 열심히 하는 게 좋대. 계산 연습을 하려면 연산 문제집을 매일 2장 정도는 꾸준히 푸는 게 좋으니까 오늘부터 같이 열심히 풀어보자'라고 말하는 거예요. 1분도 안 걸리는 일입니다.

영어 단어도 마찬가지입니다. 단순 암기를 해야 하기에 아이가 영단어 암기의 이유를 모르면 쉽게 지치고 포기하게 됩니다. 그래서 저는 과외를 할 때 제 학생들에게 이런 식으로 얘기합니다. '너 《흔한 남매》 책 좋아하지? 만약 네가 한글을 모른다고 생각해 봐. 그럼 좋아하는 책을 아예 읽을 수 없게 되겠지. 영어도 마찬가지야. 나중에 중학생이 되면 영어로 된 글을 읽고 문제를 풀어야 하는데, 영어 단어를 모르면 읽을 수가 없게 되는 거지. 그러니 영단어를 열심히 암기해야 해'라고 말이죠. 이 정도의 설명은 누구나 할 수 있습니다. 단, 의식하지 않으면 이 중요하고도 간단한 설명을 놓치게 됩니다.

이유를 모른 채 맹목적으로 학습하는 학생과, 자신이 하고 있는 학습에 대한 분명한 이유를 알고 있는 학생은 천지 차이입니다. 가령 이 단원을 지금 왜 공부해야 하는지, 과목별 공부가 왜 중요한지 알고 공부하는 아이는 쉽게 흔들리거나 꺾이지 않습니다. 이는 성적과도 바로 직결되는 문제입니다.

6-3

공부 습관을 어떻게 들여야 하는지 알려주면 좋겠어요

요즘은 특히 '자기 주도적 학습'이 중요시되고 있습니다. 상위권으로 도약하기 위해서는 아이가 스스로 공부 계획을 세우고, 스스로 공부할 수 있어야 한다는 것이죠. 그렇기에 초등 시기에 공부만큼 중요한 건 올바른 '공부 습관'입니다. 그러나 공부 습관 만드는 걸 어려워하는 아이들이 많아요. 플래너, 복습 등의 공부 습관이 아직은 낯설고 익숙하지 않다 보니 부모님이 아무리 얘기해도 올바르게 실천할 수 없는 겁니다. 아이의 공부 습관에 대한 초등 부모님들의 고민이 끊이지 않는 까닭이기도 하고요.

초등 아이가 혼자서 새로운 습관을 만드는 건 생각보다 어렵습니다. 하기 싫어서 안 하는 게 아니라 방법을 몰라서 수행하지 못하는 경우가 대부분이에요. 겉으로는 하기 싫어하는 것처럼 보일지 몰라도 사실은 혼자서 잘 해낼 자신이 없어 시도할 엄두를 못 내는 거죠. 플래너를 예를 들어볼까요. 아이 혼자서 매일매일 할 일을 쓴다는 게 보통 일이 아닙니다. 그래서 플래너 습관을 잡을 때는 말로만 시키지 말고, 부모님이 옆에서 도와주셔야 합니다. 경우에 따라 직접 작성해주셔도 좋고, 매일 밤 플래너 작성 여부를 아이와 함께 점검해주셔도 좋습니다. 부모님이 함께 발맞추어 움직여준다면 아이는 그 습관을 더욱 빠르게 만들 수 있습니다.

복습도 비슷한 패턴입니다. 말로만 아이한테 복습하라고 하면 그걸 이행하는 아이는 아마 없을 겁니다. 습관을 만드는 초기에는 아이와 함께 책을 넘겨보면서 개념은 제대로 익혔는지, 틀린 문제는 다시 한번 풀어보았는지 짚어나가면 됩니다. 이를테면 복습의 올바른 정의와 스스로 지속하는 방법 등을 제시해주는 것이죠. 앞서 얘기한 자기 주도적 학습은 중등 때부터 시작해도 늦지 않습니다. 초등 때는 자기 주도적 학습을 대비한 공부 습관 형성에만 힘써주셔도 충분합니다.

6-4

어디든 좋으니 여행을 같이 가고 싶어요

부모님과 여행을 가고 싶은데, 시간이 없어 못 간다며 아쉬워하는 아이들이 많습니다. 부모님이 일 때문에 바빠 따로 시간을 내기가 어렵고, 아이의 학원 일정이 주말에 있는 경우도 있다 보니 가족여행은 엄두도 못 내는 것이죠. 제가 초등학생일 때도 그랬고요. 사실 저는 밖에서 자는 걸 불편해해서 여행을 딱히 반기지는 않았는데, 당일치기 여행이라도 가족들과 다녔다면 어땠을까 하는 생각을 이제야 해봅니다. 새로운 추억, 새로운 경험, 새로운 대화 주제들이 오가는 풍경을 떠올리면 아쉽기만 합니다.

아무래도 아빠가 사업을 하다 보니, 휴일이 따로 없었고 그 때문에 여행 일정을 미리 잡기가 곤란하기도 했습니다. 거기다 제 학원 일정과 방학 특강, 방과후 교실 등도 고려하지 않을 수 없었죠. 기억에 남는 건 가까운 여수, 부여, 고흥 여행 정도이고 초등 6년 동안 여행에 대한 그 밖의 기억은 거의 없습니다. 물론 저희 가족 모두 여행을 선호하지 않는 분위기였을 수도 있지만, 한편으로는 그나마 여행을 다닐 수 있는 시기가 초등 시기뿐이라는 사실이 아쉬움을 더했습니다. 중학생만 되어도 곧 고등학생이 된다는 생각에 해야 할 공부도 많아지고, 여러 시험을 준비하며 눈코 뜰 새 없이 바빠지거든요. '여행 갈 시간에 차라리 집에서 쉬겠다'라는 말이 절로 나옵니다.

그러니 초등 때는 온 가족이 함께 해외까지는 아니더라도 국내에 있는 좋은 여행지들을 몇 군데 다녀보세요. 캠핑을 해도 좋고, 여의치 않으면 당일치기도 괜찮습니다. 여행을 통해 아이들이 더 넓은 세상을 체험할 수 있게 말이죠. 중고등학생이 되면 그러고 싶어도 그럴 수 없으니까요. 아이들이 커서 대학생쯤 되면 그때는 부모님이 힘들어서 여행을 못 가는 상황도 생깁니다. 가족여행은 초등 시기가 적기라고 봅니다. 꼭 여행이 아니라도 그저 부모님과 함께 시간을 보내고 싶어 하는 아이들도 많습니다. 혹시나 일 때문에 아이에게 무관심하지는 않았는지, 아이가 원하는 걸 물어봐 준 적이 있는지, 한 번쯤 생각해보셨으면 좋겠습니다.

6-5

나중에 뭐가 되고 싶은지 묻지 않았으면 좋겠어요

초등 고학년 아이들, 그리고 중고등 아이들은 꿈에 대한 부담감을 느끼기도 합니다. 이미 자신의 진로 희망이 확실한 아이라면 모르겠지만, 그렇지 않은 아이들은 질문 자체에도 부담을 느낄 수 있습니다. 특히 중등과 가까워진 초5~초6 아이들은 꿈에 대한 부담감 때문에 오히려 자신이 하고자 하는 것을 포기하기도 합니다. 당연한 얘기지만, 초등 아이들이 자신의 확실한 진로 희망을 찾기란 정말 쉽지 않습니다. 아직 어떤 직업이 있는지도 잘 모르고, 자신의 적성에 어떤 것이 잘 맞을지도 알 방법이 없죠. 너무 많은 관심사 중 하나를 고르기가 어려워 혼란스러워하는 아이들도 있습니다. 제가 그랬거든요.

초등 시절 저는 딱히 꿈이 없었습니다. 좋아하고 재미있어 하는 것들이 너무너무 많았거든요. 축구도 좋아했고, 책 읽는 것도 좋아했고, 탁구 치는 것도 좋아했고, 게임도 좋아했고, 이것저것 흥미가 많았고 호기심도 많았습니다. 그 때문에 누군가 꿈을 물어오면 항상 제대로 대답하지 못했고요. 저처럼 관심사가 다양한 아이들도 꿈에 대한 질문을 받으면 스트레스를 받는데, 하물며 꿈이 없는 아이가 그런 질문을 반복적으로 받는다면 오죽하겠냐는 거죠. 선생님이든 부모님이든, 그런 질문을 하는 이유가 '아이의 꿈을 찾게 해주기 위함'이라면 방법이 조금 잘못되었습니다.

먼저, 아이가 하나의 꿈을 임의로 설정할 수 있게끔 도와주세요. 앞으로 학교든 어디든 진로 희망을 발표해야 할 상황을 많이 마주할 텐데요. 그때 아이가 진로 희망을 분명하게 말하지 못한다면, 아이는 그 상황이 올 때마다 주눅이 들 수밖에 없습니다. 그러니 아이와 얘기를 나누며 흥미 있어 하는 분야를 꼽아보고, 그것에 가장 어울리는 직업 하나를 설정하는 겁니다. 어디서든 꿈에 대한 질문을 받으면 '그것'을 말할 수 있게 말이죠. 그러면 적어도 질문 자체에 대한 스트레스는 피할 수 있을 거예요. 더불어 아이가 자신의 적성을 찾을 수 있게끔 다양한 경험을 하게 해주세요. 영화, 음악, 여행, 피아노, 수영, 컴퓨터, 유적지 탐방, 전시회 관람 등 뭐든 좋습니다. 다양한 체험을 통해 아이 스스로 진로의 세계를 확장해 나갈 겁니다.

또한 '꿈'이 반드시 '직업'일 필요가 없다는 걸 알려주세요. 자신이 추구하는 가치, 방향성, 목표가 꿈이 될 수도 있다는 것입니다. 나중에 어떤 일을 하고 싶은지, 어떤 사람이 되고 싶은지를 분명히 알면 그것을 꿈으로 삼을 수도 있습니다. 말하자면 꿈을 '명사'가 아닌 '동사'의 범주에 넣는 것이죠. 그렇게 되면 아이는 아픈 사람을 치료하는 의사가 될 수도, 학생들을 가르치는 교사가 될 수도, 전기자동차를 설계하는 디자이너가 될 수도 있습니다. 꿈이 없는 아이에게 계속해서 꿈을 물으며 부담을 주지 말고, 위와 같은 방법으로 꿈을 자각시켜 주세요.

그리고 부모님이 모든 직업을 경험해보지는 않았기에, 아이들에게 진로에 대해 말로 설명해주는 게 생각보다 어렵고 힘들 수 있습니다. 대부분은 추상적이고 먼 이야기처럼 느낄 테니까요. 그러니 말로만 설명해주지 말고, 간접적으로 진로 관련 책을 활용해보는 것을 추천합니다. 초등 진로와 관련된 《옥이샘 진로툰》, 《열두 살 장래 희망》, 《내 멋대로 장래 희망 뽑기》, 《하고 싶은 건 없지만 내 꿈은 알고 싶어》, 《이런 진로는 처음이야》 등의 교재는 아이의 진로 탐색에 많은 도움이 될 것입니다.

6-6

제 이야기를 집중해서 들어주면 좋겠어요

초등 아이들 중에는 유독 말수가 많거나, 똑같은 말을 해도 길게 늘어뜨려 장황하게 설명하는 아이들이 있습니다. 어떤 학부모님은 이러한 아이들의 얘기를 건성으로 듣습니다. 불필요한 얘기로 여기기 때문이죠. 특히 같은 질문을 반복하는 아이들을 귀찮아하죠. 물론, 저도 어느 정도 이해는 합니다. 그러나 이제부터는 아이가 어느 때에, 어떤 말을 하든 귀 기울여 들어주세요. 저는 엄마와 대화할 때 항상 존중받고 있다는 느낌을 받았습니다. 간혹 쓸데없는 말을 하더라도 엄마는 제 눈을 바라보며 맞장구쳐주었죠. 많이 바쁠 때는 간단한 대답이라도 해주었습니다. 그리고 제가 말한 내용을 기억해두었다가, 무심코 한 번씩 언급하기도 했습니다. 그때 저는 왠지 모를 기쁨이 차올랐습니다. '아, 엄마가 나를 진심으로 존중해주고 있구나' 하면서요.

엄마가 특별히 다른 노력을 해주신 건 아니었습니다. 그저 제가 무슨 말을 하는지 상관없이, 그 말이 중요하든 중요하지 않든 경청해주셨지요. 초등 학부모님도 마찬가지입니다. 아이들의 말을 집중해서 잘 들어주세요. 아이들의 말에 반응해주시고, 눈을 마주쳐주시고, 꼭 대답도 해주시고, 때로는 아이들의 말을 기억해주세요. 말은 쉽지만, 실천이 어렵습니다. 그래도 돈이 드는 일이 아니고, 많은 시간이 필요한 일도 아니기에 여러분도 충분히 할 수 있습니다. 때로는 정말 아이가 정말 아무 의미 없고 쓸데없는 얘기를 할 수도 있습니다. 허나, 아이의 입장에서는 한 마디 한 마디가 모두 자신에게 중요한 말입니다.

만약 부모님께서 이러한 아이의 말들을 무시한다면, 대답은커녕 '조용히 하고 숙제나 하라는 식'으로 얘기한다면, 정작 아이가 중요한 의사 표현을 해야 할 때 주눅이 들어 못 하게 될 수도 있어요. '얘기해 봐야 어차피 안 들어주실 텐데…' 하면서 말이죠. 아이가 마음의 문을 한 번 닫기 시작하면 걷잡을 수 없습니다. 그게 사춘기와 맞물리면 더 그럴 테죠. 그러니 대화의 힘을 믿고, 아이의 말에 경청하며 아이가 스스로 존중받고 있음을 느끼도록 해주시면 좋겠습니다.

초등 아이들 가운데서는 이미 했던 이야기를 반복하는 아이들도 많습니다. 아이들이 반복적으로 특정 이야기를 하는 이유는 단지 '그 이야기가 재미있어서 다른 사람들한테도 알려주기 위함'인 경우가 대부분이었습니다. 너무 귀엽지 않나요. 반복되는 이야기를 들을 때 부모님이 늘 좋은 리액션을 해주기가 힘들 수도 있습니다. 그러나 '자신이 알고 있는 재밌는 것을' 부모님과 공유하고 싶은 마음이 커서 그런 것이니 아이의 말을 끊지 마시고, 호응해 주세요. 아이와의 소통은 공부보다 더 중요하다는 것을 잊지 마시고요.

6-7

밖에서 어린아이처럼 대하지 않았으면 좋겠어요

밖에서 아이를 대하는 태도와 안에서 아이를 대하는 태도를 구분하는 부모님은 그리 많지 않을 겁니다. 초등 고학년이 되면서 아이들은 하나의 인격체로 성장하며, 그 과정에서 남들의 시선을 의식하고 신경 쓰게 됩니다. 가령 집에서 애칭을 부를 때와 밖에서 애칭을 부를 때의 아이 반응이 달라진다는 거죠. 특히 밖에서 어린아이를 대하듯 스킨십을 하거나 가방을 들어주는 등의 행위는 아이에게 생각보다 큰 반감을 살 수 있습니다. 어린아이 취급을 받는 느낌 때문일 거예요. 부끄럽기도 할 테고요. 집에서는 아무렇지도 않던 것들이 밖에 나오면 크게 해석되기 마련입니다.

실제로 초등 고학년 가운데서 이 같은 고민을 하는 아이들이 많아요. 더 큰 문제는, 부모님께 이 문제에 관해 설명해도, 그리 심각하게 받아들이지 않는다는 것이죠. 아이들이 원하는 건 다른 게 아닙니다. 그저 밖에서 애칭을 사용하지 않는 것. 그리고 본인이 할 수 있는 일은 본인이 직접 하도록 기회를 주는 것. 이게 전부입니다. 이때, 부모님의 관점에서는 아이가 귀엽게 느껴질 수 있습니다. 별것도 아닌 일로 예민하게 군다고 생각할 수도 있고요. 집에서 부르던 애칭이 입에 붙으면 밖에서도 자연스럽게 나올 수 있고, 가방이 무겁고 짐이 많아 보이면 부모로서 좀 들어줄 수도 있죠. 그러나 초등 고학년이 되고 사춘기에 접어들면 아이들은 더 이상 자신이 어린아이가 아니라고 생각합니다. 그렇게 내비치는 것도 싫고요. 그래서 다른 사람의 시선을 더 많이 의식하게 되는 거예요. 저도 초등 고학년 때 밖에서 엄마가 제 별명으로 저를 부르면 괜히 짜증이 났어요. 엄마한테 이런 이야기를 해도 그냥 웃어넘겨 답답했던 기억이 있어요.

남들에게 '쟤는 부모님께 의존한다'라는 느낌을 주는 것이라면 그게 무엇이든 아이는 거부하고 방어적인 자세를 취할 거예요. 그러니 아이가 시선을 많이 의식한다면, 부모님도 그 사실을 조금은 인정해주고 밖에서만큼이라도 주의를 기울여주세요.

6-8

게임을 하게 해주면 좋겠어요

초등 아이와 부모 사이에 갈등을 일으키는 대표적 요인 중 하나가 바로 게임입니다. 게임을 아예 시작조차 하지 않는다면 가장 좋겠지만, 이는 현실적으로 매우 힘들죠. 특히 남자아이는 게임을 매개로 친구들과 사귀게 되고, 대화 주제 중 '게임'이 차지하는 비중이 매우 큽니다. 상황이 이렇기에 집에서 게임을 하지 않는 아이도 게임에 대해 어느 정도는 알고 있을 정도죠. 그만큼 게임의 노출 빈도가 높다는 것입니다. 스마트폰이 없는 아이는 학교에서 친구의 스마트폰으로 게임을 하기도 합니다. 게임에 대한 '완벽한 통제'는 불가능하다고 볼 수 있어요.

여기서는 부모님의 확실한 규칙이 필요합니다. 아이의 의견을 존중하되 규칙의 무게를 중하게 다뤄야 합니다. 그래야 부모의 교육적 권위가 유지되고, 게임에 있어서만큼은 아이가 확고한 절제력을 가질 수 있습니다. 우선 게임이 공부를 방해해서는 안 되겠지요. 하루에 해야 할 공부를 다 끝낸 이후에만 게임 시간을 할애해 주세요. 공부에 대한 보상이 '게임'이 되어서는 안 된다고 말하는 분들도 있지만, 그렇게 해서라도 공부를 놓지 않게 할 수 있다면 크게 손해를 보는 '딜'이 아닙니다. 단, 규칙을 무너뜨려서는 안 되죠.

초등학교 졸업 전까지는 하루에 30분~40분 정도가 적당합니다. 중고등 시기가 되면 공부며 시험이며 해야 할 것들이 많아지고, 공부에 대한 동기부여가 생기면 아이 스스로 게임 시간을 조절할 테죠. 한 번에 끊을 수 없다면, 5분 간격으로 줄여나가면 됩니다. 만약 하루에 30분~40분이 아니라 2시간 정도 게임을 하는 아이라면 중학생이 되었을 때 스스로 그 시간을 줄이기가 어렵습니다. 2시간은 '짬이 날 때 하는 취미'가 아니라 거의 '루틴'에 가깝기 때문이죠.

게임에 관해 앞에서도 잠깐 언급한 내용인데, '매일 하기 vs 주말에만 하기'라는 주제가 있다면 저는 '매일 하기'의 편에 서겠습니다. 아이의 성향에 따라 차이가 있겠으나, 공부 스트레스를 풀고 머리를 식히는 차원에서 매일 조금씩 게임을 하게 해주면 두뇌의 '리프레

시'가 즉각적으로 이루어집니다. 무엇보다 중학생이 되면 주말 공부가 중요해지는데요. 주말을 '게임하는 날'로 인식해 버리면 중학생이 되었을 때 이는 큰 방해 요소로 작용하게 되죠. 그러니 게임을 하도록 허락해주실 거라면 주말에 몰아서 하게 하지 말고, 매일 조금의 시간을 게임에 사용할 수 있게 해주세요.

게임을 하고 싶어 하는 아이를 통제하는 건 여러모로 어렵습니다. 부모님의 지혜가 많이 필요한 지점이기도 해요. 제가 말씀드린 것들을 참고해서 잘 활용한다면, 현실적인 도움을 얻을 수 있을 것입니다.

6-9

저만 공부하고 엄마, 아빠는 안 하니까 억울해요

초등 아이들은 자신의 모습을 부모님의 모습과 자연스레 비교하곤 합니다. 공부에 있어서도 그렇습니다. 아이들이기에 할 수 있는 생각이긴 한데, '나는 공부를 하는데 왜 부모님은 공부를 안 하실까?'라고 생각한다는 거죠. 그리고 그 생각은 곧 '불만'과 '억울함'으로 번지게 됩니다. 아이가 아직 어리다면 부모님 두 분 중 한 분이 아이와 나란히 앉아 문제 푸는 모습을 보면서 채점해주기도 하고, 아이 옆에서 책을 읽는 등 '함께 호흡하고 있다는 느낌'을 아이에게 주면 됩니다. 아이에게 각자의 역할이 가진 '다름'에 대해 알려주는 방법도 있습니다. 초등 아이들은 공부를 '학교 공부', '학원 공부'로 으레 한정하게 됩니다. 그러니 학교와 학원에 다니지 않는 부모님이 공부를 안 한다고 생각할 수밖에요. 우선 엄마를 전업주부, 아빠는 회사원이라고 가정하고 예를 들겠습니다.

"엄마 아빠는 공부를 안 하면서 왜 저한테만 공부하라고 해요?"

"그렇지가 않단다. 엄마, 아빠도 열심히 공부하고 있어. 엄마는 매일 우리 가족에게 맛있는 음식을 해주기 위해 요리를 공부하고, 아빠는 우리 가족이 더 편안하고 건강하게 지낼 수 있도록 회사에서 열심히 공부하고 있지. 엄마, 아빠가 하는 공부와 네가 하는 공부는 그 형태만 다를 뿐이야. 한 사람도 빠짐없이 공부하고 있으니까 억울해할 필요 없어."

이런 답이면 충분합니다. 아이의 불만과 억울함도 금세 사라질 테고요. 무엇보다 아이의 직업이 '학생'임을 꼭 알려주세요. 그리고 그 학생의 '본분'이 공부임을 잘 이해할 수 있게 도와주시고요. 학교와 학원에서 공부하는 걸 당연하게 여기게 되면 그때부터는 이와 같은 의구심을 갖지 않을 겁니다. 그나저나 이런 생각을 한다는 것 자체가 너무 순수하고 예쁘지 않나요?

6-10

제 말을 믿어주면 좋겠어요

초등 아이들은 부모님이 자신을 믿고 기다려주길 원합니다. '독서'와 '공부'에 있어서는 더더욱이요. 우선, 독서부터 짚어보겠습니다. 아직 아이가 어리다면 대부분의 부모님은 아이에게 책을 소리내어 읽도록 합니다. 그러다 아이가 초등 고학년으로 갈수록 눈으로만 읽게 되고, 부모님 입장에서는 아이가 책을 제대로 읽었는지 확인할 방법이 없는 거죠. 그래서 자꾸만 아이에게 "너 진짜 책 제대로 읽은 거 맞아?", "너 어떻게 그 두꺼운 책을 30분 만에 읽어?"라고 말하며 아이를 추궁하며 몰아세우죠.

이러한 질문 자체만으로도 아이는 자신에 대한 부모님의 불신을 느끼게 됩니다. 누구라도 서운할 거예요. 그렇다고, 고학년 아이에게 책을 소리 내어 읽게 할 수는 없습니다. 물론 초등 저학년까지는 소리 내어 읽어보는 것도 좋지만, 중학생이 되면 소리 내지 않고도 국어 시험의 지문을 이해할 수 있어야 합니다. 소리 내지 않고 '정확하게' 읽는 노력도 필요하다는 거죠. 무엇보다 소리 내서 읽게 되면 '틀리지 않고 읽는 것'에만 집중하게 되어, 정작 중요한 글의 내용은 놓치게 되기도 합니다.

아이가 책을 제대로 읽었는지 확인하기 위한 좋은 방법 가운데 하나는 바로 '독서 기록 노트'입니다. 물론 학교나 학원 숙제와는 별개로요. 작은 노트에 읽은 책에 대한 줄거리, 인상 깊었던 장면, 느낀 점 등을 메모하게 하는 겁니다. 길지 않아도 돼요. 아이가 어려워한다면 처음에는 부모님이 함께 작성하며 요령을 알려주어도 좋습니다. 최소한 의심쩍은 목소리로 "너 진짜 책 읽은 거 맞아?" 하며 아이를 추궁할 일은 없을 테니까요. 초등 때 읽은 책을 간단하게나마 기억해둔다면, 중고등 수행평가를 할 때 노트를 통해 많은 도움을 얻을 수 있습니다. 이 방법의 가장 큰 메리트라고 볼 수 있죠.

주 1회, 아이와 함께 일주일간 읽은 책에 관해 얘기를 나누는 것도 좋습니다. 매주 토요일 혹은 일요일 저녁, 30분씩이면 충분합니다. 일주일간 읽은 책을 하나씩 펼쳐보면서 어떤 내용이었고, 기억

에 남는 내용은 무엇인지 살펴보는 겁니다.

다음은 '공부'입니다. 특히 맞벌이하는 부모님은 아이의 하루치 공부를 일일이 확인하기 어렵습니다. 그래서 수학 공부는 했는지, 했다면 어떤 단원을 했는지, 또 국어는 했는지 등을 묻곤 하죠. 과목별로 질문이 쏟아지면 아이는 일단 대답하기가 귀찮습니다. 더불어 '지금 나를 의심해서 이러시는 건가?' 하는 생각도 하게 됩니다. 이를 위해 필요한 것이 바로 '학습 플래너'입니다. 아이에게 플래너 습관을 만들어주면, 과목별로 뭘 했는지 꼬치꼬치 캐물을 필요가 없습니다. 플래너의 현황만 보면 답이 바로 나오니까요. 두 분 중 먼저 퇴근하는 사람이 아이와 함께 플래너를 살펴보며 점검해 나간다면 아이의 공부 정서에도 많은 도움이 될 것입니다.

덧붙이자면, 아이가 준비물을 챙기지 않았거나 시험에서 실수를 했을 때 '그럴 줄 알았다!'라는 식의 표현은 삼가 주시기 바랍니다. 이런 말을 들은 아이는 '아, 엄마랑 아빠는 내가 잘못할 거라는 걸 이미 예상하고 있었구나', '아무리 공부를 열심히 해도 실수할 거라고 생각하고 있었구나' 하며 탄식하게 됩니다. 자신을 신뢰하지 못하는 부모님을 미워하게 되죠. 그러니 아이의 실수를 단정하거나, 예단하는 듯한 표현은 되도록 조심해주세요.

6-11

SNS를 통제하지 않았으면 좋겠어요

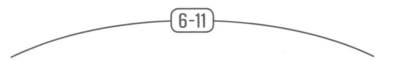

게임과 SNS에 아예 손도 못 대게 하는 분들이 많습니다. 물론 게임이 지닌 중독성과 무분별한 콘텐츠가 난무하는 SNS는 초등 저학년 아이에게 좋지는 않습니다. 그러한 '완전 통제'를 초등 졸업 때까지 이어가는 부모님도 계시고요. 저는 조금 반대인 입장입니다. 흔히 사회관계망이라 일컫는 SNS는 현세대 아이들의 '몇 없는' 소통 창구입니다. 물론, 이것이 유일하다고 볼 수는 없겠지요. 그러나 절제를 모르고 살던 아이가 중학생이 되면서 SNS라는 세상을 접하게 되면, 그때는 절제하기가 더 어렵습니다. 초등 때 SNS와 담을 쌓고 지냈기에 이러한 절제를 해본 경험이 없기 때문이죠. 그래서 오히려 더 빠르게 녹아듭니다. 쉽게 말해, 이렇게 되는 거죠.

중학생 + 사춘기 + 첫 SNS 경험 + 신세계에 대한 빠른 중독

초등 때부터 이러한 교육이 되어 있지 않으면 다양한 '중독'으로부터 빠져나오기가 더욱 어려워집니다. 그러니 중학생이 되기 1년~2년 전쯤부터 다양한 세계를 체험하게 해주고, 각 요소들의 장단점 등을 명확히 인식시킨 후 스스로 절제하는 힘을 키워주어야 합니다. '매도 먼저 맞는 게 낫다'라는 식의 권유가 아닙니다. 장기적인 관점에서는 이 방법이 훨씬 낫다는 거죠. 무엇보다 SNS에는 부정적인 요소만 있는 게 아닙니다. 이를테면 사회 현상에 관한 시스템과 로직 같은 것들을 어려서부터 익힐 수 있고, 전자기기를 올바르게 다루는 능력 또한 키울 수 있습니다. 지금은 원시 시대가 아니니까요.

'일부 허용'을 보상의 개념으로 둘 수도 있는데요. '숙제 다 하면 하게 해줄게', '공부 다 하면 하게 해줄게' 등의 조건을 내걸더라도, 아이가 이 보상만을 위해 숙제하고 공부하게 내버려두는 건 안 됩니다. 표면적으로는 열심히 하는 것처럼 보여도 조금이라도 빨리 보상받기 위해 '대충, 빠르게' 끝내는 경우가 생기기 때문이죠. 그래서 이러한 방법보다는 차라리 특정 시간을 정해주는 게 훨씬 좋습니다. '매일 밤 9시 30분부터 10시까지는 핸드폰 자유' 등으로 말이죠.

'공간 분리'도 도움이 됩니다. 이를테면 공부하는 책상에 게임기나 핸드폰을 올려두지 않게끔 하는 겁니다. 문제집 바로 옆에 게임기가 있고 핸드폰이 있으면, 과연 문제에 제대로 집중할 수 있을까요? 전자기기를 사용하는 특정 공간을 마련해준다면 공부할 땐 확실히 공부하고, 쉴 땐 확실히 쉬는 아이로 만들 수 있을 것입니다. 더불어 이것이 습관화되면, 나름의 규칙을 정해 아이 스스로 절제력을 기를 수도 있습니다.

6-12

'맨날'이라는 말은 안 듣고 싶어요

초등 아이들은 억울한 상황을 유난히 싫어합니다. 부모님이 볼 때는 사소한 문제일 수 있지만, 아이들에게는 자못 진지한 사안일 수도 있습니다. 그 대표적 예로 '맨날'이라는 표현이 있습니다.

"너는 왜 맨날 수학 시험에서 실수를 하니?"
"너는 왜 맨날 아침마다 엄마를 속상하게 하니?"
"너는 왜 맨날 공부할 때 집중을 못 하니?"

여기에서의 '맨날'은 정말 '하루도 빠짐없이 매일'이라는 의미보다는 '자주'의 의미로 쓰이죠. 그리고 이는 아이들이 가장 싫어하는 워딩이기도 합니다. 이유는 간단합니다. 자신은 잘못이나 실수를 '가끔' 했는데(혹은 그렇게 생각하고 있는데), 마치 매일 똑같은 잘못과 실수를 하는 것처럼 들린다는 거죠. 자신이 그동안 했던 노력을 부정당하는 느낌이랄까요. 저도 부모님이 '맨날'이라는 표현을 쓰면 그 즉시 "맨날이라고? 나 열심히 한 적도 많아. 잘 알지도 못하면서" 하며 억울함을 호소했던 기억이 있습니다.

초등 아이들은 자신이 잘못한 부분에 대해서 누구보다 잘 알고 있습니다. '오늘 하루' 잘못한 걸 가지고 과거의 일들까지 싸잡아 나무라게 되면 자신의 잘못을 인정하기는커녕 오히려 불만만 가중하는 꼴이 되고 말죠. 반대로 부모님의 입장에서는 "얘가 말대꾸를 하네?" 하며 더 심하게 꾸짖을 수도 있습니다.

결국, 잘못을 지적하고 타이르는 방식의 문제입니다. 지난날의 잘못은 지난날의 잘못입니다. 그것을 반복하지 않는 이상 문제삼을 이유가 없습니다. 그래서도 안 되고요. 자신들의 잘못을 이미 알고 있는 아이들이기에 그 순간의 실수만 바로잡아준다면 스스로 알아서 반성하게 될 거예요. '맨날'의 남용에 대해서도 주의할 필요가 있겠습니다.

6-13

가끔은 동생 없이 엄마랑 단둘이 시간을 보내고 싶어요

외동이 아닌 둘 이상의 형제자매가 있는 경우 많이 나타나는 특징입니다. 형제자매가 있으면 웬만하면 뭐든 함께하기 때문이죠. 여기서 아이들은 사랑의 '분산'을 느끼게 됩니다. 이 역시 사소해 보일 수 있지만, 형이 있는 저도 이런 감정을 느꼈으니까요. 더구나 저희는 쌍둥이이기에 어딜 가든, 무얼 하든 늘 붙어 있었습니다. 그래서 '엄마랑 단둘이 있고 싶다', '아빠랑 둘이서만 뭔가를 하고 싶다'라고 생각한 적이 많았죠. 이는 부모님의 사랑과 관심을 독차지하고 싶은 욕심이었다고도 볼 수 있을 거예요. 그래서 초등학생 때 어쩌다가 엄마랑 단둘이 마트에 가게 되거나, 단둘이 산책을 할 때면 기분이 참 좋았습니다. 형에게는 직접 말할 수 없는 것들이나 서운했던 감정들을 엄마와 둘이 있을 때 슬쩍 꺼내기도 했답니다.

형이 감기에 걸려 며칠 앓아누운 적이 있는데, 그때 아빠와 단둘이 데이트를 했던 기억은 아직도 선명합니다. 같이 미용실도 가고 맛있는 것도 먹으면서 그동안 하지 못했던 많은 얘기를 나누었어요. 평상시와는 또 다른 주제여서 참 신기하고도 재미있었죠. 형제자매가 있는 초등 아이들은 알고 있어요. 부모님이 자신에게만 모든 사랑을 다 줄 수 없다는 것을요. 아무리 어려도 그 정도 현실은 자각하고 있어요. 제 부모님이 저에게 그랬던 것처럼, 이런 고민이 있는 아이들에게는 부모님과 단둘이 있는 시간도 필요합니다. 1년에 한두 번이라도 좋습니다. 아이가 둘이라면 정해진 날짜에 한 명은 엄마, 다른 한 명은 아빠와 오롯이 시간을 보내는 겁니다. 셋 이상이면 또 번갈아 가며 시간을 가지면 되고요. 일명 '외동데이'를 꼭 만들어주시면 좋겠습니다.

만약 아이가 한 명이라면 하루는 엄마, 하루는 아빠랑 둘이서만 시간을 갖게 해주세요. 별거 아닌 것 같지만 아이에게는 아주 특별하고 소중한 하루가 될 거예요.

6-14

제 방을 자꾸 치우지 않았으면 좋겠어요

아이가 초등 고학년이 되면 '참 변덕스럽구나'라는 말이 절로 나올 겁니다. 가령 준비물은 챙겨주길 원하면서, 더러운 방을 치워주면 '내 방은 내가 알아서 한다니까? 왜 자꾸 내 물건에 손을 대는 거야!'라며 짜증을 내기도 합니다. 이런 말을 들은 부모님은 '얘가 이제 다 커서 독립성이 강해지는구나' 하며 조금씩 마음을 놓기 시작하는데, 방심은 금물입니다. 부모님의 힘은 빌리기 싫어하면서 부모님이 적절하게 도와주지 않으면 또 부모님 탓을 하기 때문이에요. 초등 고학년도 어쩔 수 없는 아이잖아요.

이것이 아이의 변덕입니다. 도와주면 도와주지 말라고 하고, 도와주지 않으면 왜 도와주지 않았냐며 화를 내는 거예요. 부모님은 아무래도 혼란스러울 수밖에 없습니다. 그러나 이는 초등 고학년 아이들에게 공통적으로 나타나는 지극히 자연스러운 현상입니다. '독립성'과 '의존성'이 공존하는 시기인 거죠. 부모님으로부터 멀어져서 무언가 혼자 하려 하다가도, 때로는 예전처럼 부모님께 의존하려는 마음이 생깁니다. 부모님이 볼 때는 변덕으로밖에 안 느껴지겠지만요. 초등 고학년 자녀를 둔 부모님이라면 이러한 시기를 미리 알고 있는 게 좋습니다. 그러지 않으면 모든 상황이 피곤해질 것이고, 아이를 대하는 것도 점점 어려워질 거예요.

이 시기의 아이들을 대할 때는 처음부터 다 도와주려 하지 마시고, 아이에게 먼저 "도움이 필요하면 언제든 말해"라고 해두는 게 좋습니다. 중고등학생이 된 아이들이 독립성은 커져도 여전히 부모님께 의존하려 한다는 걸 잊지 마시고요. 특히 강한 독립성을 보였다가 다시 의존하려 할 때 은근히 자존심을 지키려는 아이들도 있습니다. 자기가 다 알아서 하겠다고 큰소리를 쳤는데 역부족인 상황이 되면 괜히 좀 머쓱하긴 할 테니까요. 그럴 경우, 더러는 도움이 필요한 상황에 놓였음에도 침묵하게 됩니다. 이때는 부모님이 먼저 나서서 도와주는 빈도는 줄이되, 아이가 언제라도 도움을 청할 수 있게 자유로운 분위기를 조성해주세요. 이 시기의 특징을 부모님이 먼저 이해해준다면 좋은 관계를 바탕으로 중고등 시기도 잘 보낼 수 있을 거라 확신해요.

좀 더 먼 미래이긴 하지만 고등학생이 되면 아이는 내신, 수능, 수행평가, 생활기록부 관리 등 해야 할 것들이 정말 많고 그만큼 바빠집니다. 문제집 구매, 학원 정보 등 부모님께 부탁하고 요청할 수 있는 것들도 많이 생기죠. 도움을 요청했다가 자칫 '이 정도도 스스로 못 하는 아이'로 비칠까 봐 망설이는 아이들도 있고, 부모님께 말해봤자 어차피 자신이 무슨 공부를 하고 있는지도 잘 모르고 관심도 없을 거라 판단해 입을 닫기도 합니다. 부모님 입장에서는 아이를 믿고 기다려주는 차원에서 뒤에서 묵묵히 지켜보고 있었을 뿐인데 말이죠. 이러한 오해는 대개 좋지 않은 결과를 낳습니다. '믿음'이 '무관심'으로 느껴지지 않게 평소에 아이와 대화를 많이 나눠야 하는 까닭이죠. 아이에게 '언제든 도울 준비가 되어 있다'는 걸 간접적으로 알려주는 것만으로도 아이는 큰 힘과 위로를 얻을 것입니다.

"공부하느라 힘들지?"
"엄마가 뭐 도와줄 건 없을까?"
"요즘 학교 생활은 어때?"
"아빠가 도울 수 있는 게 있다면 언제든 말해."

이 한 마디가 어쩌면 아이의 미래를 바꿔놓을 수도 있습니다. 당장 구체적인 도움을 요청하지 않더라도 아이 마음속에는 든든한 버팀목 하나가 서게 되지요. 아이에게 부모님의 존재는 마땅히 그러해야 합니다.

Life Is Too Short

제가 초등 학부모 대상 강연 말미에 강조하는 말이 있습니다. 'Life is too short'라는 표현인데요. 초중고, 그리고 대학교를 거치며 특히 많이 느끼는 부분입니다. 초등학생 때 저는 부모님과 정말 많은 것들을 할 수 있었습니다. 그만큼 시간도 많았고, 해야 할 공부도 적었고, 시험에 대한 부담도 거의 없었습니다. 그러다 중학생이 되니 학교도 늦게 끝나고 학원도 더 많아지고 방학 때는 학원 특강까지 듣게 되었습니다. 초등 때에 비해 부모님과 함께할 수 있는 시간이 훨씬 줄어든 거죠. 거기다 고등학교와 가까워졌다는 생각에 공부도 더 열심히 하게 되면서 부모님과 함께 여행을 가거나 뭔가를 할 만한 여유가 부족해졌습니다.

그렇게 고등학생이 되었고 3년 내내 정말 바쁜 나날을 보냈습니다. 이제는 부모님이랑 저녁을 함께 먹을 시간조차 없었습니다. 학교는 보통 오후 5시~6시는 되어야 끝났어요. 야간 자율학습이 있는 날에는 학교에서 저녁을 먹고, 학원을 가야 하는 날에는 학교가 끝난 후 바로 가야 했기에 주변에서 간단히 밥을 먹은 뒤 바로 학원으로 향해야 했습니다. 중학교 때까지만 해도 매일 저녁 부모님과 함께 밥을 먹으며 대화하는 게 평범한 일상이었는데, 고등학생이 되어 보니 그럴 시간조차 없었습니다. 학원이 끝나면 보통 밤 11시가 됩니다. 밤 11시가 넘어 집에 오면 쉴 수 있을까요? 아닙니다. 공부는 잘하고 있는지, 아픈 곳은 없는지 부모님과 몇 마디 짧은 대화 후에 바로 씻습니다. 씻은 후에는 그날 학원에서 내준 숙제와 학교에서 내준 수행평가를 하고 자야 합니다. 다음 날에는 또 학교가 늦게 끝나고, 밤에 다른 학원 일정이 있어 반드시 당일에 숙제를 끝내야만 했습니다.

그렇게 숙제와 수행평가를 하다 보면 새벽 2시가 넘고, 늦게 잘 때는 새벽 3시쯤 잠들게 됩니다. 그리고 다음 날 아침 7시에 다시 일어나야 하죠. 그럼 주말에는 쉴 수 있을까요? 평일에는 숙제와 수행평가만 하기에도 바빴고, 학교와 학원을 제외하고 공부할 수 있는 시간은 두어 시간밖에 없었기에 다른 학생들과 차별화를 두려면 주말 공부가 정말 중요했습니다. 주말에는 하루 12시간~13시간을 목표로 1주일 동안 했던 것들을 복습하고 부족했던 부분을 채우며 금요일에 받은 밀린 숙제를 끝내기도 했죠. 이러한 생활은 고등학교 3년 내내 이어졌습니다. 부모님과 시간을 보낼 여유가 아예 없었던 거예요. 정말 힘들었지만, 그래도 마음 한구석에는 '10대의 마지막이라고 할 수 있는 수능이 끝나고, 대학 입시가 끝나면 다시 예전처럼 부모님과 시간을 보낼 수 있겠지' 하는 기대가 있었습니다.

그러나 현실은 그렇지 않았습니다. 공부를 열심히 하려는 대부분의 고등학생은 3년 내내 자신이 하고 싶은 것들을 억누른 채 공부에만 집중합니다. 그러다 보니 저뿐만 아니라 대부분의 대학생은 그동안 하지 못했던 여행과 대학 생활, 게임, 친구들과 함께 있는 시간을 더욱더 많이 즐기게 돼요. 그리고 자신이 현재 살고 있는 지역이 아닌 다른 지역의 대학교로 진학하는 경우가 많고, 이렇게 되면 아이는 기숙사 생활 혹은 저처럼 자취 생활을 시작하게 됩니다. 같은 지역이더라도 독립을 시작하는 시기가 되죠. 그래서 저의 경우엔 부모님은 제 고향인 목포에 계속 계시고, 저는 서울에서 지내다 보니 이제는 '부모님의 얼굴을 볼 수 있는 시간조차 없다는 것'입니다. 학교 공부가 바쁘다는 핑계로 통화도 거의 안 하게 되고, 부모님의 얼굴을 볼 수 있는 날은 추석, 설날, 어버이날, 그리고 방학 기간 중 며칠뿐입니다.

이렇게 생각을 해보니 '아, 내가 자랄수록 점점 부모님과 멀어질 일밖에 안 남았구나' 하는 결론에 이르렀어요. 시간이 정말 얼마 남지 않았다는 생각이 들었습니다. 동시에 초중고 시기를 돌아보니 후회가 되었어요. 대체 공부가 뭐라고 초등 때 부모님과 그렇게 힘겨루기를 했는지…. 중고등 때는 결국 저를 위해 하는 공부인데도 공부로 인한 스트레스를 부모님께 풀었습니다. 이 후회와 깨달음을 얻은 이후부터는 부모님을 더 자주 뵈러 가고, 더 자주 연락하려고 노력하고 있어요.

초등 학부모님들도 마찬가지입니다. 지금은 아이가 너무나도 어려 보이고 언제 커서 어른이 될까 싶지만 앞으로 중학생이 되고 고등학생이 되고 대학생이 되면, 아이랑 점점 멀어질 일밖에 남지 않은 것입니다. 바꿔서 이야기를 해보면, 바로 오늘이 '초등 아이와 가장 많은 시간을 함께할 수 있는 너무나도 소중한 순간'이라는 겁니다. 정신없이 아이를 챙기고, 학원을 보내고, 집안일을 하다 보면 너무나 당연하게도 이 순간을 쉽게 놓치곤 합니다. 별거 아닌 일인데도 괜히 아이한테 더 짜증을 내버리기도 하고, 그냥 웃으며 넘어갈 수 있는데도 욱하는 마음에 아이와 악감정을 나눈 뒤 또다시 후회하기도 하죠.

지금부터라도 모든 것이 '마지막'이라는 생각으로 아이를 대해주세요. 지금은 아이에게 책을 읽어주는 게 당연해 보이지만, 머지않아 여러분에게는 마지막으로 아이에게 책을 읽어주는 순간이 찾아올 것입니다. 지금은 아이와 함께 웃으며 저녁 식사를 하는 게 당연한 일상처럼 보이지만, 머지않아 여러분은 아이와 매일 저녁 식사를 함께하는 게 얼마나 큰 행복이었는지 깨닫게 될 것입니다. 때로는 아이의 방학이 얼른 끝나고 학기가 시작되어 오전의 여유가 생기면 좋겠고, 때로는 아이가 얼른 중학생이 되어 혼자 공부를 할 수 있었으면 좋겠고, 때로는 아이가 얼른 어른이 되어 말동무가 되어주었으면 좋겠다는 생각이 들겠죠. 그러나 지금 이 순간은 여러분에게 다시는 찾아오지 않을, 어쩌면 아이와 함께하는 마지막 시간일지도 모릅니다.

아이가 때로는 투정을 부리더라도, 한 번 더 안아주고 사랑한다고 말해주세요. 또 아이에게 소중한 기억들을 많이 만들어주세요. 초등 시기에 공부법보다 중요한 건 공부 습관과 공부 정서이고, 그보다 더 중요한 것은 '부모님과의 관계'라는 것을 꼭 기억해주시고요. 아이가 나중에 흔들리고 지쳤을 때 아이를 다시 일으켜 세워 주는 것이 결국 이 '관계'입니다. 주어진 시간은 생각보다 짧습니다. 바로 이때가 초등 아이와 가장 많은 시간을 함께할 수 있는 순간임을 잊지 않는다면 여러분은 《의대생의 초등 비밀과외》의 마지막 페이지를 덮을 때, 아이에게 무엇을 해주어야 할지 알게 될 것입니다.

의대생의 초등 비밀과외

1판 1쇄 발행 2025년 1월 24일
1판 2쇄 발행 2025년 2월 10일

지은이 | 임민찬
발행인 | 김형준

책임편집 | 박시현, 허양기
디자인 | 김윤남
온라인 홍보 | 허한아
마케팅 | 성현서

발행처 | 체인지업북스
출판등록 | 2021년 1월 5일 제2021-000003호
주소 | 경기도 고양시 덕양구 원흥동 705, 306호
전화 | 02-6956-8977
팩스 | 02-6499-8977
이메일 | change-up20@naver.com
홈페이지 | www.changeuplibro.com

ISBN 979-11-91378-65-8 13590

체인지업북스는 내 삶을 변화시키는 책을 펴냅니다.